기하학연구서 시리즈 ④

코다이라 소멸정리와 GAGA

김 강 태 지음

책 머리에...

이 책은 저자가 2022년 3월에 포스텍(포항공과대학교)의 명예교수가 되며 교육 일선에서 은퇴한 후, 후배 교수들의 권유로 2024년 가을 학기에 포스텍 대학원에 돌아와 복소다양체론을 가르치기 위해 쓴 강의록을 바탕으로 이루어진 책입니다. 초벌 원고는 강의록이었고, 2024년 여름에 탈고했지만, 이후 청중과 제자들의 호응, 질문 및 제안을 반영하여 교정하였으며, 최종 교정은 2026년 1월에 마무리 지었습니다. 중심 내용은 복소 대수기하학과 연관된 복소 해석기하학의 이론과 기법입니다.

이 분야는 1950년대 중반에 들불처럼 수학계를 휩쓸었던 연구의 유행을 이룬, 프랑스어 "La Géométrie Algebrique et la Géométrie Analytique," 우리말로는 "대수기하학과 해석기하학" 정도로 쓰면 적절해 보이는 이름으로 등장했는데, 당시 세계 최고 수준이었던 H. Cartan, A. Grothendieck, J. Dieudonné, P. Dolbeault, J.-P. Serre 교수들을 비롯한 여러 학자들이 공헌하며 크게 발전시켰습니다. 이 분야의 내용을 매우 줄여서 거의 겉핥기 수준으로 소개하자면

> " 대수기하학은 대수학적인 방법론을 통해 연구되는 기하학이지만, 해석학적인 방법론에 의해서도 연구될 수 있으며, 두 방법론은 사실상 동등하다."

라는 슬로건을 제시하는 편이 적절해 보입니다. 이 이론의 발전과 함께, 프랑스어 이름의 머릿글자를 딴 약어 표현 GAGA도 서유럽어가 주는 유머 감각과 함께 수학자들의 사랑을 받으며 자연스럽게 이 분야의 이름으로 정착되었다고 합니다.

이 분야의 연구 결과에는 유명한 업적이 무척 많지만 1954년에 필즈 메달을 수상한 코다이라 쿠니히코 교수의[1] 업적이 특히 빛납니다. 그 중에서도 코다이라 소멸정리 (Kodaira Vanishing Theorem)가 그 중심에 있고, 이 정리의 증명 이론을 이해하면 이 분야에 자연스럽게 입문할 수 있다고 할 수 있을 정도로, 교육적으로도 의미가 크다고들 합니다. 그래서, 저자는 이 소멸 정리를 둘러싼 이론을 가능한 한 원래 코다이라 이론의 전개 방식을 따라 정리하고 소개하려는 목표를 세웠습니다.

그러므로 이 시점에서 코다이라 소멸정리와 증명 이론을 간략하게라도 설명하는 편이 좋을 것 같습니다. 보다 자세한 것은 물론 본문에서 소개하고 토의하겠지만 전체적인 얼개를 먼저 살펴 보는 것도 좋을 것 같아 보이기 때문입니다.

해석함수 (complex analytic, holomorphic functions)를

[1]小平 邦彦; 1915-1997, 일본.

연구하는 복소 함수론은 수학에서 중추적인 역할을 하는데, 저자는 이 함수를 "온함수" 라고 부르고 싶습니다. "Holomorphic" 의 "holo" 는 완전 또는 온전하다는 뜻이지만 "완전함수" 라는 용어가 복소 평면 전체에 정의된 해석함수를 나타내는 용어로 정착된지 오래 되었으므로, 약간 다른 표현인 "온함수" 라는 용어가 적절해 보이기 때문입니다.

온함수는 복소평면을 넘어 고차원 복소 유클리드 공간에 정의되었고, 이어서 복소다양체 (complex manifold) 라는 보다 일반적인 대상에 정의되며 이에 관한 이론도 많은 발전을 이루었습니다. 이에 따라 파생되는 "해석 벡터장 (holomorphic vector field)" 과 "해석 미분 형식 (holomorphic differential form)" 등의 개념도 정의되고 이들에 대한 이론들도 만들어졌습니다.

이제는 "소멸정리" 라는 말을 설명할 차례인 듯합니다. 미분다양체 위의 드람 (de Rham) 코호몰로지 이론이, 복소 함수론 및 복소다양체 이론을 위해 세분화되고 잘 정리되면서 소개된 돌보 코호몰로지 (Dolbeault cohomology) 라는 이론이 있는데, 이 개념과 이론이 GAGA의 중심부에 자리잡게 되었습니다.[2] 이 돌보 코호몰로지 군이 자명군 (trivial group) 이 되면 수학자들은, "돌보 코호몰로지가 소멸되었다" 또는 "0 이 되었다" 라고 표현하는데, 이 소멸성이 GAGA에서 중요한 역할을 합니다. 그러므로 돌보 코호몰로지 군의 소멸 여부를 판정하고 설명할 수 있는 이론이 필요한 이유가 명확해지

[2]P. Dolbeault (1924-2015), 프랑스.

는데, "코다이라 소멸정리" 가 바로 이 필요성에 거의 처음으로 답을 준 이론입니다.

한편, 코다이라 이론은 원래 옹근 복소다양체 (compact complex manifold) 를 연구 대상으로 하고 그 위에서 개발되었습니다. 옹근 복소다양체는 여러모로 장점이 많음에도, 그 전체에 정의되고 복소수체를 치역으로 가지는 온함수가 모두 상수함수일 수밖에 없다는 문제점을 피할 수 없습니다. 복소함수론의 최대절대값 원리 (Maximum modulus principle) 때문입니다.

그러면 아예 복소함수론을 전개할 수가 없는 것일까요? 물론 옹근 복소 다양체 전체에 정의되고 복소수 값을 가지는 함수에 대한 이론은 연구할 의미가 매우 적겠습니다. 하지만 해석 벡터장이나 해석 미분 형식 등에 관한 연구는 여전히 가치가 높으며, 실제로 이들은 복소다양체 연구에 새로운 지평을 열어 주었습니다. 국소적으로는 복소수체와 복소 유클리드 공간이 지닌 해석학을 보유한 것과 비슷한 효과를 내며 전체적으로는 복소 다양체에 "붙일 수 있는" 개념인 해석 벡터다발 (holomorphic vector bundle) 이 복소다양체 위에 정의되었고, 복소 온함수의 역할을 담당하는 온함수 단면 (holomorphic section) 이라는 풍부한 연구의 대상이 소개되었으며, 이들에 대한 복소 함수론 이론도 만들어졌습니다. 거기에 미분기하학의 연구 대상인 리만 기하학의 개념들이 복소다양체 위에 소개되고 이어서 미분 형식 (differential form) 들과 이들이 이루는 드람 형식의 코호몰로지 이론인 돌보 코호몰로지 군에 대한 연구가 수립되어, 명실공히 기하학, 대수학, 해석학, 미분방정식론, 위상수학 등 순수 수학의 여러 분야가 융합되고 수렴된 거대한 분야가 탄생하였습니다. 이 정도로는 GAGA에 대한 설명으로 매우 부족하지만, 수박 겉 핥기 정도로 받아들여 주실 수는 있을 것 같습니다.

코다이라 소멸정리를 둘러싼 이론은 주로 돌보 코호몰로지를 다루는데, 보통의 미분 형식을 일반화한 "일반적인 해석 벡터 다발에 값을 두는 미분 형식 (differential forms with values in (general) holomorphic vector bundles)" 에 관한 코호몰로지 군을 다루고, 이의 소멸에 관한 해석을 제공합니다. 따라서 이 분야를 공부하려면 지금까지 언급한 벡터 다발과 그들의 단면에 작용하는 미분작용소 등의 개념들에 대한 이해가 필요합니다.

근본 개념에 대한 이해를 갖춘 후, "돌보 코호몰로지 군의 소멸" 이라는 개념을 생각해 보면, 이 개념이 특정 미분방정식—$\bar{\partial}$ 작용소에 대한 선형 편미분방정식—의 풀이의 존재에 대한 이론임이 분명해집니다. 그러므로 로랑 슈바르츠 교수에 의해 정립된 "분포 이론 (Theory of distributions)" 을 배울 필요가 생깁니다. 그리고 거기에 맞추어 고전해석학이 제공하는 정칙성 이론인 소볼레프 (Sobolev) 이론 등도 공부하게 됩니다.

이런 이론을 모두 연결하는 고리는 1930년대 개발된 솔로몬 보크너 (S. Bochner) 교수의 기법 (Bochner techniques) 입니다. 이 천재적인 방법론은 원래 리만 다양체 위의 조화 미분

형식 (Harmonic forms) 들을 다루기 위해 개발되었고, “하지 이론 (Hodge Theory)” 의 정립에 큰 공헌을 했는데, 코다이라 이론에서도 이 방법론이 중요한 역할을 하였습니다. W. Hodge, H. Weyl 등 여러 위대한 수학자들이 이 방향에 공헌하였습니다.

세상의 이치가 그러하듯, 돌보 코호몰로지 군 또한 그냥 소멸하지는 아니합니다. 복소다양체가 만족시켜야 할 조건이 있습니다. 사실은, 이런 조건을 찾는 것이 수학 연구의 중요한 부분이기도 합니다. 수학자들이 이해하고 사용하기 편리한 모양으로 이런 조건을 재해석하고 정리하는 것은 수학 연구의 당연한 과제이기 때문입니다. 이 상황에서 필요한 조건을 해석해 보면, 복소 다양체가 특별한 해석 벡터 다발을 가져야 한다는 사실을 발견하게 되는데, 그 특별함이라는 것이 결국은 해석 벡터 다발의 곡률 텐서가 특별한 조건, 특히 양의 정부호성 같은 조건을 만족시킨다는 데에 해당한다는 사실을 발견하게 됩니다. 이제까지의 이론을 다 모아서 정리하면, 코다이라 코호몰로지 소멸정리 이론과 증명 및 논증 방법이 얻어집니다.

이렇게, 설명하기도 쉽지 않은, 엄청나게 어려워 보이는 이론을 공부하는 이유가 무엇인지 질문하실 독자가 있을 것 같습니다. 저자도 그런 심정에 공감합니다. 그래서 여기 아래에 제시하는 설명이 좋은 답변인지 확신은 없지만, 한두 가지라도 설명을 드려보려 합니다.

코다이라 소멸정리는 리만 곡면 (1 차원 복소다양체) 연구의 주요 방법론 중 하나인 리만-로흐 정리 (Riemann-Roch Theorem)의 일반화에 해당하므로 그 자체로서 역사적인 성취이기도 하고, 고차원 복소다양체 연구의 새로운 지평을 열었다는 점은 어떨까요? 이전의 위대한 이론을 더 잘 이해하고 발전시키는 것은 수학자의 의무이며 권리이기 때문입니다.

두 번째 이유로는 코다이라 교수 자신이 증명한,

> "복소다양체가 특정한 코호몰로지 조건을 만족시키면, 이 다양체는 복소 사영공간 속에 매립된다."

라는, 수학사에 길이 빛날 정리인 코다이라 매립정리 (Kodaira Embedding Theorem) 를 들고 싶습니다. 이 정리의 증명이 코다이라 소멸정리에 크게 의존하므로 코다이라 소멸정리의 중요성이 자연히 강조되지 않습니까?

이 밖에도 여러 뛰어난 수학자들의 후속 연구와 공헌이 많으므로 그런 업적을 예로 들 수도 있겠지만, 이 강좌에서는 세 번째 이유로, 코다이라 소멸정리의 교육적인 측면을 들고 싶습니다. 이 이론을 배우면서 GAGA의 "Géometrie Analytique" 분야에 자연스럽게 들어설 수 있는데, 그것이 여러 학생들이 바라는 바이기 때문입니다.

이 강좌를 준비하며 Jean-Pierre Demailly 교수의 저서 [3, 4]를 포함하여 책 말미에 수록한 참고 문헌에 실은 여러 뛰어난 저서와, 그 외에도 수록하지는 못하였지만, 그 공헌이 분명한 여러 제현의 저서와 대화 및 학문적 교류의 도움이 컸음을 여기에 밝힙니다.

2026년 1월 15일 목요일,
원고 최종 교정을 마무리하며,
저자 드림.

차 례

제 1 장

복소다양체

1.1 다양체와 복소 구조

위상다양체 개념으로부터 출발한다.

정의 1.1.1 (위상다양체) 위상 공간 X의 각 점 p에 대하여 이 점을 품는 열린 근방 (*open neighborhood*) U와 위상 동형 (*homeomorphism*) $\psi\colon U \to \mathbb{R}^n$가 존재하면, X를 **위상 다양체** (*topological manifold*)라고 부른다.

위상 다양체는 이 책에서 다룰 다양체의 바탕이 되는 공간이어서 그냥 "다양체" 라고 부르기도 한다.

이 책에서는 복소다양체 이론을 다룰 예정이므로 아주 일반적인 위상 다양체를 다루기보다는, T_2 **(하우스돌프), 유사콤팩트 (paracompact) 및 제2 가산성 (second countable)**

등의 조건을 충족 시키는 다양체만 다룬다. 특히, 단위분할 (partitions of unity) 기법을 사용하고 싶기 때문이다.

다양체의 기본적인 성질에 관한 토의는 더 이상 다루지 않으려 한다. 필요하다면, 저자의 다른 책 "미분다양체론," "리만기하학" 및 "복소해석기하학" 등을 참조할 수 있다.

유클리드 공간에서 다루던 함수론과 여러 이론을 다양체 위에서 다루려면 필요한 구조를 다양체 위에 더 입혀야 한다. 미적분학을 다루기 위하여 미분구조 (differentiable structure)를 입히면 이를 미분다양체라 부르고, 미분다양체 위에 리만 거리 (Riemannian metric)를 설정하면 리만기하학 (Riemannian Geometry) 연구의 기본 바탕을 이루는 리만 다양체 (Riemannian manifold) 가 된다.

이 책의 주제인 복소함수론과 연관 이론을 다루려면, "복소 구조 (complex structure)"를 더 갖춰야 한다. 이를 위해 복소 m 차원 유클리드 공간 $\mathbb{C}^m$ 안에 있는 열린 단위구 (open unit ball) 를 기호

$$B^m := \{(z_1, \ldots, z_m) \in \mathbb{C}^m : \sum_{j=1}^{m} |z_j|^2 < 1\}$$

로 표시하기로 하자.

정의 1.1.2 (복소 구조, 복소다양체) 위상 다양체 X가 주어졌다고 하자. 적절한 자연수 m이 주어져서, X의 열린 부분집합 U 와 단사 위상동형 $\varphi\colon U \to B^m$ 로 이루

어진 순서쌍 (U, φ) 들로 이루어진 집합 $\mathcal{A}$를 생각하자. 만약 $\mathcal{A}$가 아래 두 조건

(*i*) $\bigcup\{U : (U, \varphi) \in \mathcal{A}\} = X$.

(*ii*) 조건 $U \cap V \neq \varnothing$ 를 만족시키는 $\mathcal{A}$의 두 원소 (U, φ) 와 (V, ψ) 에 대해서는 합성함수

$$\psi \circ \varphi^{-1} : \varphi(U \cap V) \to \psi(U \cap V)$$

가 항상 복소해석함수 (= 온함수, *holomorphic function*) 이다.

를 만족시키면 $\mathcal{A}$를 X 의 **복소 구조 (*complex structure*)** 라 부르고, 이런 복소 구조를 갖춘 X 를 **복소다양체 (*complex manifold*)** 라 부른다. 그리고, 이 정의에 나타난 자연수 m을 X 의 **복소 차원 (*complex dimension*)** 이라고 부른다.

보충 1.1.1 "단사 위상동형" 은 그리 좋은 표현은 아닌 듯하다. 영어로 "*homeomorphism-into*" 라고 쓰는 이 개념은 정의구역 U 와 그 이미지 $\varphi(U)$ 가 위상동형 (*homeomorphism*) 을 이루는 함수를 말한다.

이 책에서 다루는 대부분의 복소다양체가 위상적으로 "연결된 (connected)" 공간이기는 하지만, 이 책의 내용에서 다루는 복소다양체의 정의에 "연결성" 까지 덧붙이지는 아니한다. 정의를 지나치게 제한하고 싶지 않기 때문이다. 그렇지만

복소 다양체의 정의에, 차원은 모든 점에서 일정하도록 배려한 점을 보아 주기 바란다.

보충 1.1.2 대부분의 미분구조, 복소구조 등을 다루는 다양체론 책에서는 국소좌표계들의 집합인 $\mathcal{A}$가 최대 성질(*maximality*) 을 가지도록 정한다. 즉, 조건 (*1*)과 (*2*)를 만족하는 "국소좌표" 들을 모두 포함하도록 정의하는 것을 말하는 것인데, 논리적으로는 그렇게 하는 편이 좋을 수 있지만, 실제 이론 전개에서는 그리 중요하지 않으므로, 정의에 포함시키지 않았다. 하지만 필요하다면 그렇게 정의된 것으로 해도 문제 없다.

1.2 온함수 (Holomorphic functions)

X, Y 를 각각 복소 차원이 $\dim X = m$, $\dim Y = n$ 인 복소다양체라 하고, 이 다양체들 각에 주어진 복소 구조는 $\mathcal{A}_X, \mathcal{A}_Y$ 로 각각 표시해 두자.

> **정의 1.2.1 (온함수/복소해석함수, I)** 복소함수, 즉, 복소수 값을 가지는 함수 $f\colon X \to \mathbb{C}$ 가 주어졌다고 하자. 이 함수가 임의의 점 p를 포함하는 국소좌표계 $(U, \varphi) \in \mathcal{A}_X$에 대하여 합성함수 $f \circ \varphi^{-1}\colon \varphi(U) \to \mathbb{C}$가 **온함수** ***(holomorphic function/mapping)*** 이면, 복소함수 $f\colon X \to \mathbb{C}$를 **온함수**라고 부른다.

이어서 복소다양체 사이에 정의된 온함수를 소개한다.

> **정의 1.2.2 (온함수/복소해석함수, II)** 복소다양체 X, Y 를 정의역과 치역으로 가지는 함수 $f\colon X \to Y$ 가 주어졌다고 하자. 이 함수가 임의의 점 p를 포함하는 국소좌표계 $(U, \varphi) \in \mathcal{A}_X$ 와 점 $f(p)$를 포함하는 국소좌표계 $(V, \psi) \in \mathcal{A}_Y$에 대하여 합성함수 $\psi \circ f \circ \varphi^{-1}\colon \varphi(U) \to \psi(V)$ 가 **온함수*(holomorphic function/mapping)*** 이면, 복소함수 $f\colon X \to Y$를 **온함수**라고 부른다.

위 정의에서 $\varphi(U)$ 는 m 차원 복소 유클리드 공간 $\mathbb{C}^m$ 의 열린 부분집합이다. 따라서 $f \circ \varphi^{-1}$ 와 $\psi \circ f \circ \varphi^{-1}$ 는 복소변수 여러 개로 정의되는 함수이고, 이런 경우 소위 "고차원 복소함수론" 에서 소개 된 정의를 따르는 온함수 (holomorphic mapping/function) 이다. 이에 대한 이론은 "김강태 (2022), 복소해석기하학, [10]" 등을 참조하기 바란다.

이런 간단하게 보이는 정의를 통해 고차원 복소함수론 (Multidimensional Complex Analysis 혹은 Several Complex Variables)의 엄청난 이론 상당수가 복소다양체 위로 옮겨지는 것은 볼 때마다 꽤 놀랍지만, 오늘날의 수학계에서는 일반적인 지식에 속한다. 따라서, 더 이상의 설명은 생략한다.

제 2 장

접공간, 접다발, 쌍대접공간, 쌍대접다발

복소 다양체에는 4 종류의 접공간과 접다발, 그리고 그들에 대응되는 쌍대 접공간과 쌍대 접다발이 정의된다. 이들과 연관된 개념을 정리하기로 하자.

2.1 접공간 I: 실 접공간 TX_p

복소 다양체는 미분다양체이다. 그러므로 복소다양체 X 위의 점 p에 대하여 X는 미분다양체로서 실수 체 위에 정의되는 벡터 공간인 접공간 TX_p 를 가진다. 미분다양체 이론은 원소를 실수 좌표로 표현하는 유클리드/데카르트 공간을 바탕으로 구성되므로 이 책에서는 복소 m 차원 복소다양체 X 의 구성에 자연스럽게 등장한 복소 유클리드 공간 $\mathbb{C}^m$ 과 동일시

할 수 있는 $\mathbb{R}^{2m}$ 을 사용하고 복소 국소좌표계 (U, ψ) 등도 이에 맞추어 이해할 것이다.

점 p를 중심으로 하는 X의 복소 국소 좌표계 (complex local coordinate system) (U, φ) 를 생각하자. $\varphi\colon U \to \mathbb{C}^m$ 는 온함수 단사 동형[1] 함수이고 치역이 $\mathbb{C}^m$ 의 부분집합이므로, 기호

$$\psi := (z_1, \ldots, z_m)$$

로 표현하면 적절하겠다. $z_1, \cdots, z_m$ 각각은 복소함수이며 온함수이다. 따라서 실함수 $x_1, \ldots, x_m; y_1, \ldots, y_m$ 등과, 지표 $j \in \{1, \ldots, m\}$ 그리고, 지표 각각마다 $z_j = x_j + \sqrt{-1}y_j$ 라는 익숙한 표현을 사용하기로 하자. 그러면 접공간은

$$TX_p = \left\{ \sum_{j=1}^{m} a_j \frac{\partial}{\partial x_j}\bigg|_p + \sum_{j=1}^{m} b_j \frac{\partial}{\partial y_j}\bigg|_p : a_j, b_j \in \mathbb{R} \right\}$$

로 정의한다.

이 공간은 실수 차원 $2m$ 인 벡터공간이며, **점 p에 대응되는 복소다양체 X 의 실 접공간 (The real tangent space of the complex manifold X at point p)** 이라는 긴 이름을 가지고 있다.[2]

---

[1]함수 φ 는 단사함수이지만 전사함수일 필요는 없다. 온함수 단사 동형을 영어로는 "biholomorphism-into" 라고 하는데, 함수의 정의역이 치역 (image) $\varphi(U)$ 와 온함수 동형관계에 있지만 $\varphi(U) = \mathbb{C}^m$ 일 필요는 없다. 복소 구조를 정의할 때에는 이 점이 중요하다.

[2]다른 정의 방법, 특히 국소 좌표계에 의존하지 않는 방법을 비롯하여 여러 정의가 있지만 그들을 비교 분석하는 내용 등은 여기에서 다루지 아니한다.

2.2 접공간 II: 복소화 된 접공간 $\mathbb{C}TX_p$

이제 실수체 $\mathbb{R}$ 을 바탕으로 정의된 벡터 공간인 TX_p 를 선형 대수학의 방법을 따라 "복소화 (complexify)" 하려 한다. 복소화는 텐서곱의 방법론으로 이해하면 $\mathbb{C}\otimes TX_p$ 이고, 원소를 통해 정의하면

$$\begin{aligned}\mathbb{C}TX_p &= \mathbb{C}\otimes TX_p\\ &:= \Big\{\sum_{j=1}^{m} a_j \tfrac{\partial}{\partial x_j}\Big|_p + \sum_{j=1}^{m} b_j \tfrac{\partial}{\partial y_j}\Big|_p : a_j, b_j \in \mathbb{C}\Big\}\end{aligned}$$

가 된다. 이는 복소 $2m$ 차원 공간이며, 이를 보통 **복소 접공간 (complex tangent space)** 이라 부른다. 대개 기호 $i = \sqrt{-1}$ 와

$$\begin{aligned}\frac{\partial}{\partial z_j} &:= \frac{1}{2}\Big(\frac{\partial}{\partial x_j} - i\frac{\partial}{\partial y_j}\Big)\\ \frac{\partial}{\partial \bar{z}_j} &:= \frac{1}{2}\Big(\frac{\partial}{\partial x_j} + i\frac{\partial}{\partial y_j}\Big)\end{aligned}$$

를 써서

$$\mathbb{C}TX_p = \Big\{\sum_{j=1}^{m} \alpha_j \tfrac{\partial}{\partial z_j}\Big|_p + \sum_{j=1}^{m} \beta_j \tfrac{\partial}{\partial \bar{z}_j}\Big|_p : \alpha_j, \beta_j \in \mathbb{C}\Big\}$$

로 표시하기도 한다.

2.3 접공간 III, IV: $T_{(1,0)}X_p$ 와 $T_{(0,1)}X_p$

m 차원 복소다양체 X 위의 점 p 에 대하여

$$J_p\colon TX_p \to TX_p$$

를, 조건

$$J_p(\tfrac{\partial}{\partial x_j}\big|_p) = \tfrac{\partial}{\partial y_j}\big|_p$$
$$J_p(\tfrac{\partial}{\partial y_j}\big|_p) = -\tfrac{\partial}{\partial x_j}\big|_p$$

를 만족시키는 $\mathbb{R}$-선형함수로 정의하자. 그러면 이 함수는 자연스럽게 복소화 된 접공간 $\mathbb{C}TX_p$ 위에 작용하는 $\mathbb{C}$-선형함수로 확장된다. 물론, 확장된 함수

$$J_p\colon \mathbb{C}TX_p \to \mathbb{C}TX_p$$

도 조건

$$J_p(\tfrac{\partial}{\partial x_j}\big|_p) = \tfrac{\partial}{\partial y_j}\big|_p$$
$$J_p(\tfrac{\partial}{\partial y_j}\big|_p) = -\tfrac{\partial}{\partial x_j}\big|_p$$

를 만족하는 복소 벡터공간 사이의 선형함수가 된다. 이제 아래 도움정리가 성립한다.

도움정리 2.3.1 $J_p \circ J_p(v) = -v,\ \forall v \in \mathbb{C}TX_p.$

증명은 자명하므로 생략한다.

도움정리 2.3.2

$$J_p(v) = iv \Leftrightarrow v = \sum_{j=1}^{m} \alpha_j \tfrac{\partial}{\partial z_j}, \ \forall \alpha_j \in \mathbb{C}$$

$$J_p(v) = -iv \Leftrightarrow v = \sum_{j=1}^{m} \beta_j \tfrac{\partial}{\partial \bar{z}_j}, \ \forall \beta_j \in \mathbb{C}.$$

이제, J_p 의 고유값을 생각할 수 있고 그들은 $\pm i$ 이다. 그러면 이들 고유값 각각에 대한 고유 공간 (eigenspace) 들을 생각할 수 있는데, 기호

$$T_{(1,0)}X_p = \{v \in \mathbb{C}TX_p \colon J_p(v) = iv\}$$
$$T_{(0,1)}X_p = \{v \in \mathbb{C}TX_p \colon J_p(v) = -iv\}$$

를 사용하겠다. 그러면 당연히

$$\mathbb{C}TX_p = T_{(1,0)}X_p \ \oplus_{\mathbb{C}} \ T_{(0,1)}X_p$$

를 얻게 된다. 이로써 점 p 에서 아래 네 가지 "접공간 (tangent spaces)" 들이 정의되었다.

(1) 실 접공간 TX_p.

(2) 복소 접공간 $\mathbb{C}TX_p$.

(3) $(1,0)$-형 접공간 $T_{(1,0)}X_p$.

(4) $(0,1)$-형 접공간 $T_{(0,1)}X_p$.

문제 2.3.1 아래 식을 증명하여라.

$$\begin{aligned} T_{(1,0)}X_p &= \{v - iJ_p(v) \colon v \in \mathbb{C}TX_p\} \\ &= \left\{ \sum_{j=1}^{m} \alpha_j \frac{\partial}{\partial z_j}\bigg|_p \colon \alpha_j \in \mathbb{C} \right\} \\ T_{(0,1)}X_p &= \{v + iJ_p(v) \colon v \in \mathbb{C}TX_p\} \\ &= \left\{ \sum_{j=1}^{m} \alpha_j \frac{\partial}{\partial \bar{z}_j}\bigg|_p \colon \alpha_j \in \mathbb{C} \right\} \end{aligned}$$

2.4 네 개의 접다발

위에 소개한 네 개의 접공간은 복소다양체 X 위에서 자연스럽게 벡터 다발을 생성한다. 각 접공간은 다양체 위의 점마다 주어지는 올(fiber)을 이루며, 국소좌표계가 다양체에 필요한 **부분 자명화 (local trivialization)** 및 **전이함수 (transition function)**를 제시한다. 구체적인 구성을 이해해 보기로 하자.

2.4.1 실 접다발 TX

투영함수 $\pi \colon TX \to X$

바탕 집합은

$$TX = \bigcup_{p \in X} TX_p$$

이지만. $p \neq q$ 이면 $TX_p \cap TX_q = \varnothing$ 가 성립하도록 TX_p 각각에 그 "뿌리 (root)" 에 해당하는 p 를 표시하여 TX_p 와 $\{p\} \times TX_p)$ 를 같은 것으로 생각한다. 이는, 합집합을 구성하는 집합들을 모두 각각 "서로 완전히 분리된" 것으로 보는 "분리 합집합 (disjoint union)" 개념이다. 그러면 자연스레 정의되는 투영함수 (projection map) $\pi \colon TX \to X$ 가 따라온다. 임의의 $v \in TX$ 에 대하여 $v \in TX_p$ 를 만족하는 $p \in X$ 가 정확히 하나 존재하니까, $\pi(v) = p$ 로 함수 π 가 자연스럽게 정의되는 것이다. 이런 관점이 $v \in TX$ 를 점 $\pi(v)$ 에 시점을 (뿌리를!) 두는 벡터 ("location" vector) 로 보는 생각을 어느 정도 정당

화 시켜 주기도 한다.

X 의 국소좌표계

이제 점 p를 포함하는 국소좌표계 (U, φ) 를 선택하고, 함수 $\varphi\colon U \to \mathbb{R}^{2m}$ 를 좌표 성분을 사용하여 다시 표현하여 $\varphi = (x_1, y_1, \ldots, x_m, y_m)$ 로 표현하기로 하자.[3] 이런 기호를 선택하였다는 것은 미분다양체 X 가 실수 $2m$ 차원이라는 뜻이고, 각 x_j, y_j 는 정의구역이 U 인 실함수, 즉 치역이 실수 집합 $\mathbb{R}$ 인 함수이다. 그러면 앞에서 소개하였던 바와 같이, 점 p 에서 정의되는 TX_p 의 원소 (잠시 이를 v_p 라 두자) 가 실수 $a_1(p), b_1(p), \cdots, a_m(p), b_m(p)$ 에 대하여

$$a_1 \frac{\partial}{\partial x_1}\Big|_p + b_1 \frac{\partial}{\partial y_1}\Big|_p + \ \cdots \ + a_m \frac{\partial}{\partial x_m}\Big|_p + b_m \frac{\partial}{\partial y_m}\Big|_p$$

로 표현된다. 실수 계수 $a_1(p), b_1(p), \cdots, a_m(p), b_m(p)$ 들이 점 p 에 의존하여 유일하게 결정된다는 점은 선형대수학의 결과이다.

TX 의 국소 자명화 $\hat{\varphi}$

미분다양체 이론에서 설명하는 바와 같이 접공간의 원소들인

$$\frac{\partial}{\partial x_1}\Big|_p, \frac{\partial}{\partial y_1}\Big|_p \cdots, \frac{\partial}{\partial x_m}\Big|_p, \frac{\partial}{\partial y_m}\Big|_p$$

---

[3] 지금 이 책은 복소다양체를 다루므로 실수 차원이 짝수인 경우만 다루는데, 일반적으로 그럴 필요가 없다.

들은 접공간 TX_p의 **좌표틀 (기저, basis)** 을 이룬다. 따라서 φ에 의해 정의되는 함수

$$\hat{\varphi}\colon \pi^{-1}(U) \to \varphi(U) \times \mathbb{R}^{2m}$$

가 관계식

$$\hat{\varphi}(v_p) = \big(\varphi(p); a_1(p), b_1(p), \cdots, a_m(p), b_m(p)\big)$$

로 정의된다. 이렇게 정의되는 $\hat{\varphi}$는 매끄러운 단사함수이다 [9]. [4] 이들 함수를 이용하여 $(\pi^{-1}(U), \hat{\varphi})$ 라는 국소좌표를 구성할 수 있으므로, TX 가 미분다양체를 이루는 것을 확인할 수 있고, 따라서 이 함수 $\hat{\varphi}$에 의해 집합 $\pi^{-1}(U)$ 를 유클리드 공간의 열린 부분집합 $\varphi(U)$ 와 벡터공간 $\mathbb{R}^{2m}$ 의 "데카르트 곱 (Cartesian product)" 과 동일시 할 수 있다는 특징을 발견하게 된다. 특히 공간 $\varphi(U) \times \mathbb{R}^{2m}$ 은 $\varphi(U)$ 의 각 점마다 벡터공간이라는 '곧은 올 (straight fiber)' 을 하나씩 대응시키며 '곡식단처럼 하나로 묶어놓은' 모양이라고 생각하는 것이 자연스럽기에, TX 전체는 아직 뭐라고 말하기 어렵지만, TX 의 중요한 부분집합인 $\pi^{-1}(U)$ 는 $2m$ 차원 벡터공간 $\mathbb{R}^{2m}$ 이라는 올들을 열린 집합 $\varphi(U)$ 의 각 점에 '서로 겹치지 않도록 꽂아놓은' 다발(bundle) 모양으로 이해할 수 있다는 점에서 함수 $\hat{\varphi}$를 (TX, π) 의 **국소 자명화 (local trivialization)** 또는 부분 자명화라고 부른다.

---

[4] 사실, 이 함수들이 벡터 다발 TX 를 미분다양체가 되게 해 주는 국소좌표계를 제공한다. 그 결과로 이 함수들이 매끄러운 함수가 되는데 이는, "같은 뜻의 말을 되풀이한, 자명 논리 (tautology)" 에 해당한다.

전이함수 (transition function)

위에 소개한 국소 자명화는 TX 위의 점 v_p 를 포함하는 열린 근방 $\pi^{-1}(U)$ 위에 정의된 함수 $\hat{\varphi}\colon \pi^{-1}(U) \to \varphi(U) \times \mathbb{R}^{2m}$ 로 이루어져 있으므로 $\big(\pi^{-1}(U), \hat{\varphi}\big)$ 들은 실제로 벡터 다발 TX 가 미분다양체가 되게하는 미분구조 (differentiable structure) 를 준다. 따라서 이들은 국소좌표계이므로, 미분다양체론의 관점에서는 당연히 한 좌표계의 표현이 다른 좌표계의 표현으로 어떻게 변환되는지 그 관계식을 알고 싶다. 한편으로는 이들 국소 자명화 표현들 사이에는 좀 특별한 변환 현상이 보이는데, 지금부터 분석해 보기로 하자.

이제 (TX, π) 의 국소 자명화를 두 개 선택하되, 점 p 를 포함하는 X 의 국소좌표계 $(U_\alpha, \varphi_\alpha)$ 와 (U_β, φ_β) 를 바탕으로 각각 만들어진 것으로 골라, 기호로 각각

$$\big(\pi^{-1}(U_\alpha), \hat{\varphi}_\alpha\big), \quad \big(\pi^{-1}(U_\beta), \hat{\varphi}_\beta\big)$$

로 표시하도록 하자. 그러면 열린 영역들의 변환은

$$\hat{\varphi}_\beta \circ \hat{\varphi}_\alpha^{-1} \colon \hat{\varphi}_\alpha(U_\alpha \cap U_\beta) \to \hat{\varphi}_\beta(U_\alpha \cap U_\beta)$$

가 담당하면 적절하니까, 이를 기호 $\Phi_{\beta\alpha} := \hat{\varphi}_\beta \circ \hat{\varphi}_\alpha^{-1}$ 로 표시하기로 하고, 이 함수를 다시 써 보자. 국소 좌표계 $(U_\alpha, \varphi_\alpha)$ 가 주어졌으면 $(q, w) \in \pi^{-1}(U_\alpha)$ 에 대하여

$$\underline{q}_\alpha := \varphi_\alpha(q) \in \mathbb{R}^{2m}$$
$$\underline{w}_{q,\alpha} := d\varphi_\alpha|_q(w) \in \mathbb{R}^{2m}$$

라고 쓰기로 하자. 그러면

$$\hat{\varphi}_\alpha(q,w) = \big(\varphi_\alpha(q); d\varphi_\alpha|_q(w)\big) = \underline{w}_{q,\alpha}$$
$$\hat{\varphi}_\beta(q,w) = \big(\varphi_\beta(q); d\varphi_\beta|_q(w)\big) = \underline{w}_{q,\beta}$$

가 성립한다. 이제 $\underline{w}_{q,\beta}$ 를 $\underline{w}_{q,\alpha}$ 로 표현하여

$$\underline{w}_{q,\beta} := \Phi_{\beta\alpha}(\underline{w}_{q,\alpha})$$

로 쓰기로 하면, 대응관계

$$q \longrightarrow \Phi_{\beta\alpha}(\underline{w}_{q,\alpha})$$

는 미분가능 함수이다. 뿐만 아니라, q 를 고정하면 $\Phi_{\beta\alpha}$ 는 $\mathbb{R}^{2m}$ 을 자신에 대응시키는 1 대 1 $\mathbb{R}$-선형함수이다. 그러므로

$$\Phi_{\beta\alpha} \colon U_\alpha \cap U_\beta \to GL(2m,\mathbb{R})$$

이라는 대응관계를 얻어낼 수 있다. 이 함수를 **전이함수 (transition function)** 라고 부른다. [5]

참고로, 이들 전이함수들은 $GL(2m,\mathbb{R})$ 에 값을 가지는 것으로 국소좌표계 $(U_\alpha,\varphi_\alpha), (U_\beta,\varphi_\beta), (U_\gamma,\varphi_\gamma)$ 들이 조건 $U_\alpha \cap U_\beta \cap U_\gamma \neq \varnothing$ 를 만족 시키는 경우에는, 단위 행렬 (the identity matrix) I 에 대하여, 보통 **체흐 1-코사이클 조건 (Čech 1-cocycle condition)** 이라고 부르는 아래 조건

$$\begin{cases} \Phi_{\beta\alpha}\cdot\Phi_{\alpha\beta} = I \\ \Phi_{\alpha\gamma}\cdot\Phi_{\gamma\beta}\cdot\Phi_{\beta\alpha} = I \end{cases}$$

[5] 이 전이함수 행렬은 국소좌표 변환의 야코비 행렬에 해당한다.

도 만족 시킨다. 위에 쓴 · 기호는 행렬의 곱을 뜻한다.

중간 요약

접공간들을 모아 접다발을 만들면 자연스럽게 투영함수, 국소 자명화, 전이함수 들이 등장하게 된다. 역으로, 투영함수, 국소 자명화, 전이함수 등이 주어지면 일반적인 벡터다발을 생성할 수 있는데, 구성과 논리적인 검증은 추상적인 개념을 여럿 이어붙이는 점 외에는 평이하며 이 마디의 이론 전개가 기본이 된다. 이런 구성이 해석기하학의 기본 구조인 다양체 위의 접다발로부터 다양체 위에 국소좌표계 영역과 그들의 공통부분 집합에 대응되며, 체크 1-코사이클 조건을 만족시키는 전이함수들의 모임으로 대응된다.

이 설명이 Géometrie Analytique 로부터 Géometrie Algebrique 로 "언어가 바뀌는" 과정을 보여 준다. 한편, 이 과정은 되돌릴 수도 있다. 즉 다양체의 미분 구조를 이루는 국소좌표계와 그에 대응되는 전이함수의 모임이 주어지면 벡터다발 TX 를 재구성할 수 있다. 그런 점에서 이 부분 이론 전개가 이 강좌에서는 GAGA의 정신을 보여주는 첫 번째 예시가 될 수 있을 것 같다.

단면 함수

정의 2.4.1 벡터다발 (TX, π)의 **단면 함수 (*section*)**란, 적절한 열린 부분집합 $U \subset X$ 위에 정의된 매끄러운 함

수 $v\colon U \to TX$ 로서, 조건

$$\pi \circ v(q) = q, \forall q \in U$$

를 만족하는 것을 말한다. 만약, 단면함수의 정의구역 U 가 다양체 X 전체인 경우에는 단면 함수의 영역이 특별한 점을 강조하여 대역, 또는 광역 단면함수 (*global section*) 라고 부른다.

편의상, 좌표계를 $(x_1, \ldots, x_{2m})$ 으로 쓰기도 할 것 같다. 자주 $(x_1, y_1, \cdots), (z_1, \cdots, z_m)$ 등과 혼용하겠지만, 혼동의 위험이 감지되면 보다 자세한 표현을 사용할 것이다.

정리 2.4.1 **X 의 국소좌표계 $\big(V, \varphi = (x_1, \ldots, x_{2m})\big)$ 가 주어진 경우에는 매끄러운 단면함수 $v\colon V \to TX$ 는 매끄러운 실함수 $f_1, \ldots, f_{2m}$ 들에 의해**

$$v(x_1, \ldots, x_{2m}) = \sum_{j=1}^{2m} f_j(x_1, \ldots, x_{2m}) \frac{\partial}{\partial x_j}$$

로 표현된다.

따라서 TX 의 단면함수는 기존의 매끄러운 접벡터장 (smooth tangent vector field) 과 같은 개념이라는 것을 알 수 있다.

2.4.2 접다발 $\mathbb{C}TX$, $T_{(1,0)}X$ 및 $T_{(0,1)}X$

정의, 투영함수, 국소 자명화 및 전이함수

$\mathbb{C}TX$ 의 경우에도, 모든 구성 과정을 TX 의 경우와 같은 방법으로 구성하되 각 점 $p \in X$ 위에 정의된 올(fiber)을 $\mathbb{C}TX_p$ 으로 하는 부분만 주의하면 된다. 기존의 $\frac{\partial}{\partial x_j}|_p, \frac{\partial}{\partial y_j}|_p$ 를 그대로 사용하며 계수만 복소 계수를 허용하는 차이가 있을 뿐이지만, 보통은 앞에서 소개한 기호

$$\frac{\partial}{\partial z_j}\Big|_p, \frac{\partial}{\partial \bar{z}_j}\Big|_p$$

들을 (복소) 좌표틀로 사용하여 표현한다. 이런 관점에서 투영함수, 국소 자명화, 전이함수 등도 앞 절의 이론 전개 방법과 비슷하게 독자 스스로 복습해 보면서 점검해 보기로 하자.

벡터 다발 $\mathbb{C}TX$ 의 경우, 매끄러운 단면함수 (section)는 **복소화 된 매끄러운 벡터장 (complexified smooth vector field)** 이라고 부르는 대상이 된다. 이를 국소좌표계를 사용하여 다시 쓰면, 복소수 값을 가지는 매끄러운 함수 $g_1, \ldots, g_m; h_1, \ldots, h_m$ 들에 의하여

$$\sum_{j=1}^{m} g_j(z_1, \ldots, z_m; \bar{z}_1, \ldots, \bar{z}_m)\frac{\partial}{\partial z_j} + \sum_{j=1}^{m} h_j(z_1, \ldots, z_m; \bar{z}_1, \ldots, \bar{z}_m)\frac{\partial}{\partial \bar{z}_j}$$

로 표현된다.

(버금) 복소 구조 텐서 J

앞의 2.3 마디에서 소개했던 J_p를 다양체 X 전제로 확장하여 벡터 다발 $\mathbb{C}TX$의 단면에 작용하는 개념 J를 구성하는 과정은 자연스럽게 이루어진다. v가 접다발 (TX, π)의 단면이라면

$$(Jv)|_p := J_p(v(p)), \forall p \in X$$

로 정의하면 되기 때문이다.

이론 전개의 편의를 위하여, 기호

$$\mathcal{E}(\mathbb{C}TX)\big|_U = \textbf{벡터 다발 } \mathbb{C}TX \textbf{ 의 매끄러운 단면함수로서 } U \textbf{ 를 정의역으로 가지는 것들의 집합.}$$

의 예를 통해 기호 $\mathcal{E}(\bullet)$ 를 하나 정의한다.그러면 아래 도움정리가 성립하는 것을 바로 확인할 수 있다.

도움정리 2.4.2

$$\mathcal{E}(T_{(1,0)}X) = \{v - \sqrt{-1}Jv \colon v \in \mathcal{E}(\mathbb{C}TX)\}$$
$$\mathcal{E}(T_{(0,1)}X) = \{v + \sqrt{-1}Jv \colon v \in \mathcal{E}(\mathbb{C}TX)\}.$$

증명은 생략한다.

$T_{(1,0)}X$

복소다양체 X 위에 정의되는 이 벡터다발은 좀 특별하다. 몇 가지 특징을 들 수 있는데, 첫 번째로는 전이함수가 온함수

(holomorphic function)로 주어진다는 점이다. 이 때문에 이 벡터다발은 영어권에서는 holomorphic tangent bundle 이라고 부른다. 우리말 용어로는 해석 접다발 혹은 온 접다발 정도가 될 듯하다. 두 용어를 혼용하려고 한다.

코시-리만 방정식

복소다양체 X 의 열린 부분집합 U 에 정의된 매끄러운 함수 $f\colon U \to \mathbb{C}$ 가 온함수라는 뜻은 복소다양체의 좌표계 (V, φ) 로 판정한다. 즉, f 가 온함수라는 말은 합성함수 $f \circ \varphi^{-1}\colon \varphi(U \cap V) \to \mathbb{C}$ 가 온함수라는 조건으로 정의된다. 온함수를 정의하는 방법은 몇 가지 더 있는데[6] 지금은 복소 구조 텐서 J 를 사용하는 방법을 소개한다.

정리 2.4.3 만약 X, Y 가 복소다양체이고 J_X, J_Y 가 이들 다양체 각각의 복소 구조 텐서라 하자. 그러면 매끄러운 (C^1 급이면 충분하다.) 함수 $f\colon X \to Y$ 가 온함수 (*holomorphic function*) 라는 조건과 등식

$$J_Y\big|_{f(p)} \circ df_p(w) = df_p \circ J_X|_p(w)$$

가 임의의 $p \in X$ 와 $w \in \mathbb{C}TX_p$ 에 대해 성립한다는 조건이 서로 필요충분하다.

[6] 김강태, "복소함수론 I" (2024) 교우사. 3.1 참조.

2.5 쌍대 접다발과 미분 형식

2.5.1 쌍대공간

복소 벡터공간 F 가 주어졌다고 하자. 그러면 F 위에 정의되고 치역이 복소수 체 $\mathbb{C}$ 인 선형함수들의 집합이 자연스럽게 대응된다. 이를 F^* 로 표시하면 이들은 자연스럽게 복소 벡터 공간 구조를 가진다. 이 공간 F^* 를 벡터공간 F 의 **쌍대공간 (dual space)** 이라고 부른다.

쌍대 좌표틀 (dual basis)

k 차원 벡터공간 F 의 좌표틀 $B := \{e_1, \ldots, e_k\}$ 가 주어졌다면, $j \in \{1, \ldots, k\}$ 각각에 대하여 선형함수 $e_j^* \in F^*$ 를

$$e_j^*(\lambda_1 e_1 + \ldots + \lambda_k e_k) = \lambda_j$$

로 정의하면, $B^* := \{e_1^*, \ldots, e_k^*\}$ 가 쌍대공간 F^* 의 좌표틀을 이룬다. 이렇게 구성된 좌표틀 B^* 를 **B 의 쌍대 좌표틀 (the dual basis to B)** 이라고 부른다.

쌍대 접공간 (cotangent space)

복소다양체 X 의 접공간 TX_p 의 쌍대공간을 T_p^*X 로 쓰고 이를 **쌍대 접공간 (cotangent space)** 이라고 부른다.

앞에서 소개했듯이 TX_p 의 좌표틀을

$$B_p := \left\{ \frac{\partial}{\partial x_1}\Big|_p, \frac{\partial}{\partial y_1}\Big|_p, \ldots \right\}$$

로 선택한 데에서 출발하는 것이 보통이며, 이 좌표틀의 쌍대 좌표틀 (dual basis)은 기호

$$B_p^* := \left\{dx_1\big|_p, dy_1\big|_p, \dots\right\}$$

로 표시하는데, 선형대수의 구성 방법과 일치하는 형식으로 크로네커 (Kronecker) 기호 δ_{jk} 를 사용하여

$$dx_j\big|_p\left(\tfrac{\partial}{\partial x_k}\big|_p\right) = \delta_{jk}$$
$$dy_j\big|_p\left(\tfrac{\partial}{\partial y_k}\big|_p\right) = \delta_{jk}$$
$$dx_j\big|_p\left(\tfrac{\partial}{\partial y_k}\big|_p\right) = 0$$
$$dy_j\big|_p\left(\tfrac{\partial}{\partial x_k}\big|_p\right) = 0$$

로 정의된다. 여기에 쓰인 δ_{jk} 는 크로네커 (Kronecker) 델타 기호이므로 두 지표 j, k 가 서로 같으면 값이 1 이고 그 외의 경우에는 0 이다. 그러므로 쌍대 접공간 T_p^*X 의 원소는 이들이 이루는 좌표틀의 1 차 결합 (liner combination) 으로 주어진다. 이 경우에는 실수 계수를 쓰게 되지만 복소화 된 접공간 $\mathbb{C}TX_p$ 과 쌍대 접공간 $\mathbb{C}T_p^*X$ 의 경우에는 자연스럽게 복소 계수를 쓴다는 점이 다를 뿐 형식적인 이론 전개에는 차이가 없다.

쌍대 접공간의 원소는 **쌍대 접벡터 (cotangent vector)** 라고 부른다.

쌍대 접다발 (cotangent bundle)

쌍대 접공간 TX_p의 개념으로부터 쌍대 접다발 T^*X를 구성하는 것은 접공간으로부터 접다발을 구성하는 과정과 동일하므로 특별히 덧붙여 상세히 설명할 필요를 느끼지 못한다. 상세한 검토는 독자에게 연습 문제로 남긴다.

한편, 이 개념은 이 책의 이론 전개 과정에 매우 자주 등장할 예정이어서, 일반적으로 쓰이는 개념과 기호를 정확히 소개할 필요가 있다. 지금 바로 일부를 소개한다. 국소 자명화는 복소다양체 X의 국소좌표계와 $dx_j|_p$들을 사용한 쌍대 접벡터의 표현을 사용하여 주어진다. 과정이 거의 동일하므로 따로 또 구성하고 설명하지 않으려 한다.[7]

복소화 쌍대 접공간 $\mathbb{C}T^*X_p$도 같은 방법으로 구성되며 계수가 복소수라는 점 외에는 특별한 점이 없다. 다만 이 경우에는 이미 소개한 바와 같이 $\frac{\partial}{\partial x_1}\big|_p, \frac{\partial}{\partial y_1}\big|_p, \ldots$로 주어지는 접공간의 표준 좌표틀 대신

$$\frac{\partial}{\partial z_1}\Big|_p, \frac{\partial}{\partial \bar{z}_1}\Big|_p, \ldots$$

들을 복소화 접공간의 좌표틀로 사용할 수 있다는 점이 달랐다. 그러므로 지금 설명한 좌표틀의 복소 쌍대 좌표틀을 구성

[7] 김강태, "미분다양체론" [9] 에 상세한 구성이 설명되어 있다.

해 보기로 하자.

$$dz_j\big|_p = dx_j\big|_p + \sqrt{-1}dy_j\big|_p$$
$$d\bar{z}_j\big|_p = dx_j\big|_p - \sqrt{-1}dy_j\big|_p$$

들이 그것인데 이들이 복소 쌍대 좌표틀을 구성하는 것을 확인하는 것은 연습문제로 돌린다.

국소 자명화와 전이함수를 구성하는 것도 별 문제 없이 자연스럽게 구성할 수 있다. 단면 함수 역시 자연스럽게 구성되며 이들을 복소 1 형식, 영어로는 complex 1-form 이라고 부른다. 국소적으로는 복소함수 (보통은 매끄러운 함수) $f_1, \ldots, f_m; g_1, \ldots, g_m$ 들을 계수로 가지는 표현

$$f_1 dz_1 + \cdots + f_m dz_m + g_1 d\bar{z}_1 + \ldots g_m d\bar{z}_m$$

들로 표시된다. 전이함수 구성은 독자에게 연습문제로 넘긴다.

2.6 복소다양체 위의 미분작용소 $\partial, \bar{\partial}$, 첫 단계

실 미분다양체 (real differentiable manifold) 위에 정의되어 있는 미분 1-형식 (differential k-form) 개념과 **외미분 작용소 (exterior differentiation operator)** d 등을 복소 m 차원 복소다양체 X 위에 그대로 수용하여 사용하겠고, 이들이 복소 계수를 가지는 복소 미분 1-형식들이 복소화 된 벡터장에 작용하는 것도 별도 설명 없이 그대로 사용하겠다.

그러면 미분 1형식에 관하여 d가 자연스럽게 확장되어 복소 n 차원 복소다양체 위에 정의된 매끄러운 복소함수 $f(z_1, \dots, z_n)$ 에 대하여 복소 미분 1형식

$$df = \sum_{j=1}^{n} \left(\frac{\partial f}{\partial x_j} dx_j + \frac{\partial f}{\partial y_j} dy_j \right)$$

가 자연스럽게 정의되며 위에서 소개한 기호를 따라 관계식

$$df = \sum_{j=1}^{n} \left(\frac{\partial f}{\partial z_j} dz_j + \frac{\partial f}{\partial \bar{z}_j} d\bar{z}_j \right)$$

도 성립한다. 확인하는 것은 독자에게 연습문제로 남겨 둔다.

이제 ∂ 작용소와 $\bar{\partial}$ 작용소를 미분 1-형식 수준에서 정의하려 한다. 국소 좌표계 $(U, (z_1, \dots, z_m))$ 가 주어졌고, 이를 정

의구역으로 가지는 매끄러운 함수 $f\colon U \to \mathbb{C}$ 에 대하여

$$\partial f|_z = \sum_{\ell=1}^{m} \frac{\partial f}{\partial z_\ell} dz_\ell$$

$$\bar{\partial} f|_z = \sum_{\ell=1}^{m} \tfrac{\partial f}{\partial \bar{z}_\ell} d\bar{z}_\ell$$

를 만족키는 선형 작용소로 정의하면 된다.

일반적으로 매끄러운 함수 $f_\ell\colon U \to \mathbb{C}$ 들을 계수로 하는 복소 미분 형식

$$\sigma := \sum_{\ell=1}^{m} f_\ell(z) dz_\ell$$

를 $(1,0)$-**형식** $\big((1,0)$-**form**$\big)$ 이라 부르고,

$$\omega := \sum_{\ell=1}^{m} f_\ell(z) d\bar{z}_\ell$$

를 $(0,1)$-**형식** $\big((0,1)$-**form**$\big)$ 이라 부르며, $(1,0)$ 이나 $(0,1)$ 들은 **이중 차수 (bidegree)** 라고 부른다.

이중 차수는 국소 복소좌표계에 의존하여 정의된 개념이지만, 사실은 온함수 국소 좌표계의 의 선택에 무관하게 항상 일정함이 알려져 있고 실제로 확인하는 것도 어렵지 않다. 그리고

$$d = \partial + \bar{\partial}$$

가 성립하는 것이 바로 확인된다.

이 작용소들은 다시 또 자연스럽게 일반화되지만, 지금 서둘러 소개하지 않고, 다음 장에서 벡터 다발의 합과 곱 (Direct sum and Tensor product), 및 벡터 다발에 값을 가지는 고차 미분 형식 등을 소개한 후로 미루려 한다.

제 3 장

벡터 다발과 $\bar{\partial}$-코호몰로지 (1)

이 장의 목표는 일반적인 벡터 다발과 그 위에 정의되는 접속 (connection) 개념 등을 소개하려는 것이다. 추상적이고 형식적인 내용이라고 여길 수도 있지만, 앞 절에서 (해석) 벡터 다발에 값을 두는 (보다 정확히 말하자면 벡터 다발의 단면이 그 값에 참여하는) 미분 형식에 관한 코호몰로지 군을 소개할 때 별도 설명 없이 (약간은 만행(!) 이었다.) 거의 우격다짐 기호 계산으로 소개했던 부분에 대해 조금은 더 상세한 설명을 제공하는 측면이 있고, 코다이라 이론을 이해하기 위해서 반드시 익혀야 하는 이론을 소개하는 부분이므로 확실히 하나 하나 확인하고 소개하는 것이 나름대로 의미가 있다.

3.1 일반적인 벡터다발

접다발을 소개하며 말했던 바를 조금 일반적으로 다룰 겸, 일반적인 복소 벡터 다발을 소개하려 한다.[1]

정의 3.1.1 (벡터 다발) 복소 m 차원 복소다양체 X 와 자연수 k가 주어졌다고 하자. 만약 미분다양체 E 와 복소 k 차원 벡터공간 F, 그리고 매끄러운 전사(*surjective*) 함수 $\pi\colon E \to X$ 가 존재하여 아래 조건

(1) 각 점 $p \in X$ 마다 집합 $\pi^{-1}(p)$가 복소 벡터 공간을 정의한다.

(2) 임의의 점 $p \in X$에 대하여 $p \in U$를 만족시키는 열린 부분집합 $U \subset X$와, 임의의 $x \in U$에 대하여 두 조건

(2a) $\pi \circ \psi^{-1}(y, w) = y,\ \forall y \in U.$

(2b) $\psi_U|_{\pi^{-1}(y)}\colon \pi^{-1}(y) \to F$가 $y \in U$ 각각에 대하여 선형동형이 된다.

를 만족시키는 미분동형 $\psi_U\colon \pi^{-1}(U) \to U \times F$ 가 존재한다.

---

[1]보다 일반적으로 실 벡터공간 올(fiber)을 사용하는 "위상적 실 벡터 다발" 개념이 있으나, 여기에서는 우리의 목적에 맞는 매끄러운 복소 벡터 다발만을 소개한다.

들을 모두 만족시키면, E를, 또는 보다 세밀하게, (E, π)를 복소 벡터다발 (*complex vector bundle*) 이라고 부르고 k를 E의 차수 (계급, *rank*), 또는 올차원 (*fiber dimension*)이라고 부른다.

위 정의에서 (2)를 국소 자명화 조건 (local triviality condition) 이라고 부르는데, 앞에서 접벡터 다발 TX에 관해 토의한 바를 생각해 보면 구성이 자연스럽다는 느낌도 얻을 수 있을 것이다.

3.1.1 전이 함수

이제, 전이함수 (transition function) 가 정의된다. 조건 $U_\alpha \cap U_\beta \neq \varnothing$를 만족시키는 X의 열린 부분 집합 U_α, U_β 위에 정의된 국소 자명화 함수

$$\psi_\alpha \colon \pi^{-1}(U_\alpha) \to U_\alpha \times F, \quad \psi_\beta \colon \pi^{-1}(U_\beta) \to U_\beta \times F$$

가 주어졌다고 하자. 그러면

$$\Psi_{\alpha\beta} := \psi_\alpha \circ \psi_{U_\beta}^{-1} \colon (U_\beta \cap U_\alpha) \times F \to (U_\alpha \cap U_\beta) \times F$$

가 전이함수를 정의하게 되고, $(x, w) \in (U_\beta \cap U_\alpha) \times F$에 대하여

$$\Psi_{\alpha\beta}(x, w) = (x, \psi_{\alpha\beta}(x, w))$$

로 쓸 수 있는데 함수 $\psi_{\alpha\beta}(x, \cdot)$는 x에 대한 매끄러운 함수이고, 고정된 x 각각에 대해서는 벡터 공간 F의 선형 동형 (linear isomorphism)을 이룬다. 그러므로

$$\psi_{\alpha\beta}(x, \cdot) \in GL(F)$$

는 x에 관하여 매끄러운 함수들을 원소로 가지는 $k \times k$ 행렬로서 그 행렬식의 값이 어떤 $x \in U_\beta \cap U_\alpha$에 대해서도 0이 되지 아니한다. 이들 전이 함수들이 체크 1-코사이클 조건을 만족하는 것과 이로부터 벡터 다발이 재생되는 논법 등은 제 2 장에서 소개한 내용과 같으므로 따로 더 언급하지 아니한다.

3.1.2 해석 벡터다발

복소다양체 X 위에 정의되는 벡터 다발의 매끄러운 정도는 국소 자명화의 매끄러운 정도에 의해 결정된다. 이는 다양체의 매끄러운 정도가 국소 좌표계의 매끄러운 정도에 의해 결정되는 현상과 매우 비슷하다. 복소 다양체 위에는 좌표계가 복소 해석성 (complex analyticity)를 결정하는데, 매끄러운 벡터다발의 국소 자명화 함수가 복소 해석함수 (=온함수, holomorphic function) 이면 이런 벡터다발은 해석 벡터다발, 혹은 "온 벡터다발" (holomorphic vector bundle) 이라고 부른다. 해석 벡터 다발은 구성 방법에 의해 전이 함수들이 해석함수라는 특징이 있고, 이 부분이 이 강의록의 이론 전개에 중요한 역할을 담당한다.

3.1.3 선다발

복소 벡터다발의 차수 (=올차원)가 1인 경우, 즉 복소 벡터다발의 올(fiber) F 가 1차원 벡터 공간인 경우에는, 벡터 다발을 **선다발 (Line bundle)** 이라고 부른다. 올의 차원이 낮아 다루기가 비교적 쉽고 활용도도 매우 높다.

특히 대수기하학 이론에서 중요한 역할을 하는 인수 (divisor) 개념과 선다발 사이에 매우 밀접한 관계가 있어서 이 부분도 따로 설명과 이해가 필요하다. 이론 전개에서 필요해지면 소개하겠지만 지금은 생략한다.

그보다는 아래 연습문제를 하나 소개한다.

문제 3.1.1 행렬식의 값이 *0*이 되지 않는 $r \times r$ 행렬들의 집합

$GL(r, \mathbb{C})$ 와 복소 m 차원 복소다양체 X가 주어졌다고 하자. 조건 $U \cap V \neq \varnothing$ 를 만족시키는 국소 좌표 근방 U, V에 대하여, 온함수 $\varphi_{VU} : U \cap V \to GL(r, \mathbb{C})$ 가 정의되고, 조건 $U \cap V \cap W \neq \varnothing$ 를 만족시키는 국소 좌표 근방 U, V, W에 대해서는 두 조건

$$\begin{cases} \varphi_{VU} \cdot \varphi_{UV} = I & (1) \\ \varphi_{UW} \cdot \varphi_{WV} \cdot \varphi_{VU} = I & (2) \end{cases}$$

를 만족시킨다면, 이 함수들을 전이함수로 가지는 (해석) 벡터 다발이 구성됨을 보여라. 또한, 이렇게 (같은 체흐 *1*-코호몰로지 원소를 표현하는 체흐 *1*-코사이클을 이루는 전이함

수로부터) 구성되는 해석 벡터 다발들은 벡터 다발로서 모두 서로 동형이 됨을 증명하여라.

위 연습 문제에서 정의되지 않은 개념이 등장했다. 이를 보완하기 위해 벡터 다발 사이의 자연스런 변환과 동형 개념을 정의해 두는 편이 좋을 것 같다.

정의 3.1.2 복소다양체 X, Y 위에 정의된 두 해석 벡터 다발 $(E, X, \pi_E), (F, Y, \pi_F)$ 가 주어졌다고 하자. 만일 함수 $f\colon E \to F$ 가 온함수 (*holomorphic map*)이고, 임의의 $p \in X$에 대하여 $\pi^{-1}(p)$ 를 $\pi_F^{-1}(f(p))$ 로 대응시키는 복소 선형함수이면, f 를 **벡터다발의 변환 (*vector bundle morphism*)** 이라고 부른다. 특히 이런 변환이 전단사(*bijective*) 온함수인 경우에는 이를 **벡터 다발의 동형 (*vector bundle isomorphism*)** 이라고 부른다.

3.2 벡터 다발의 텐서곱 ⊗

3.2.1 벡터 공간의 텐서곱

복소 벡터 공간 V, W 와 쌍대 공간 V^*, W^* 가 주어졌다고 하자. 두 선형함수 $v^* \in V^*, w^* \in W^*$ 에 대하여, 관계식

$$[v^* \otimes w^*](x, y) = v^*(x)w^*(y),\ \forall (x, y) \in V \times W$$

로 함수 $v^* \otimes w^* \colon V \times W \to \mathbb{C}$ 를 정의하고 이를 v^* 와 w^* 의 **텐서곱 (tensor product)** 이라고 부른다. 이 함수들의 치역이 사칙 연산이 가능한 복소수체이므로 이런 원소들의 1차 결합 (linear combination) 들의 집합이 벡터 공간을 이루게 되는데, 이 공간이 두 벡터 공간 V^* 와 W^* 의 텐서곱이고 기호 $V^* \otimes W^*$ 로 표현한다.

텐서곱 공간 $V^* \otimes W^*$ 의 원소는 당연히 "이중 선형함수 (bilinear form)" 이다.

여기에서 다루는 벡터공간은 유한 차원 공간이어서 벡터 공간 V 와 쌍대공간의 쌍대공간 $V^{**} := (V^*)^*$ 이 자연스럽게 V 와 선형 동형을 이룬다. 따라서 벡터공간 $V \otimes W$ 도 자연스럽게 정의된다. 이 벡터 공간의 좌표틀 (basis, frame) 을 구성하는 방법을 소개하는 것이 좋을 것 같다. 벡터 공간 V 와 W 의 좌표틀이 각각 $B_V := \{e_1, \ldots, e_m\}$, $B_W := \{f_1, \ldots, f_n\}$ 로 주어졌다면 텐서곱 공간 $V \otimes W$ 의 좌표틀은 자연스럽게

$$B_{V \otimes W} := \{e_j \otimes f_k \colon j = 1, \ldots, m;\ k = 1, \ldots, n\}$$

로 정의되고 따라서 임의의 원소 $\alpha \in V \otimes W$ 를 택하면 복소수 A_{jk} 들에 의해

$$\alpha = \sum_{j,k} A_{jk} e_j \otimes f_k$$

로 표현된다. 그러므로

$$\dim(V \otimes W) = (\dim V)(\dim W)$$

가 성립한다.

3.2.2 벡터 다발의 텐서곱

복소다양체 X 위에 정의된 벡터 다발 (E, π_E) 와 (F, π_F) 가 주어졌다고 하자. 이로부터 각 벡터 다발의 올(fiber)에 해당하는 벡터 공간의 텐서곱을 올로 가지는 벡터 공간을 바로 구성할 수 있다. 국소 자명화도 자연스럽게 만들어지며, 이 경우 새로 구성된 벡터 다발은 계급(rank)[2] 이 두 벡터 다발의 계급(=올차원)의 곱으로 주어지게 된다. 이 구성은 기호 $(E \otimes F, \pi_{E\otimes F})$ 로 표현되는데, 보통은 **올 텐서곱** (**fiber (tensor) product**) 이라고 부른다. 특히, 선다발 두 개의 곱은 다시 선다발이 되기에, 편리한 점이 많고 애용되는 편이다.

---

[2]Rank는 벡터 다발을 이루는 올(fiber)의 차원이다. 따라서 영어권에서 쓰이는 또다른 표현인 fiber-dimension의 번역으로 **"올 차원"**이라는 표현을 쓰는 것도 좋을 것 같다.

3.2.3 벡터 다발의 단면

벡터 다발 $(E, \pi : E \to X)$ 가 주어졌다고 하자. 조건

$$\pi \circ \sigma(x) = x, \forall x \in U$$

를 만족시키는 함수로서 경우에 따라 적절한 조건을 더 만족시키는, X 의 열린 부분집합 U 위에 정의된 $\sigma: U \to E$ 를 벡터 다발의 **단면 (section)** 이라고 부른다.

앞에서 토의한 바와 같이, 접다발의 경우 보통 단면은 매끄러운 함수를 생각하며, 그들은 우리에게 비교적 익숙한 벡터장 (vector field) 개념과 비슷한 점이 많다. 쌍대 접다발의 경우, 단면은 미분 1형식 (differential 1-form) 이다.

일반적인 벡터 다발의 경우에는 보통 기호 $\Gamma(E)$ 를 사용하여 벡터 다발 E 의 단면의 집합을 표시하는 것이 보통이나 때에 따라 다른 기호를 사용하기도 한다.

3.3 복소다양체 위의 미분작용소 ∂ 와 $\bar{\partial}$

실 미분다양체 (real differentiable manifold) 위에 정의되어 있는 미분 k 형식 (differential k-form) 개념과 **외미분 작용소 (exterior differentiation operator)** d 등을 그대로 수용하여 사용하고 [9], 이들이 복소 계수를 가지는 확장된 복소 벡터장에 작용하는 것도 별도 설명 없이 그대로 사용하겠다.

그러면 미분 1형식에 관하여 d가 자연스럽게 확장되어 복소 n차원 복소다양체 위에 정의된 매끄러운 복소함수 f의 좌표 표현 $f(z_1, \ldots, z_n)$ 에 대하여 복소 미분 1형식

$$df = \sum_{j=1}^{n} \Big(\frac{\partial f}{\partial x_j} dx_j + \frac{\partial f}{\partial y_j} dy_j \Big)$$

가 자연스럽게 정의되며 위에서 소개한 기호를 따라 관계식

$$df = \sum_{j=1}^{n} \Big(\frac{\partial f}{\partial z_j} dz_j + \frac{\partial f}{\partial \bar{z}_j} d\bar{z}_j \Big)$$

도 성립한다. 계속해서 '자연스럽게' 복소 미분 k 형식 (complex differential k-form) 에 관하여 설명하겠는데, 이제는 국소좌표계를 나타내던 기호 $\varphi := (x_1, y_1, \ldots, x_m, y_m)$ 대신 $x := (x_1, \ldots, x_{2m})$ 등을 사용하려 한다. 또한 다중 지표 기호 $J = (j_1, \ldots, j_k)$ 및 $dx_J = dx_{j_1} \wedge \cdots \wedge dx_{j_k}$ 를 이용하여

$$d\big(f(x)dx_J\big) = \sum_{\ell \geq 1} \frac{\partial f}{\partial x_\ell} dx_\ell \wedge dx_J$$

로 정의하고, 이들은 다시

$$d\big(f(x)dx_J\big) = \sum_{\ell=1}^{n} \Big(\frac{\partial f}{\partial z_j} dz_\ell + \frac{\partial f}{\partial \bar{z}_j} d\bar{z}_\ell\Big) \wedge dx_J$$

로 발전하며, 계속해서 $dz_1, \ldots, dz_n; d\bar{z}_1, \ldots, d\bar{z}_n$ 들 중에 k 개를 택하여, 쐐기곱 (wedge product)을 연산을 통하여 얻는 k 형식들의 선형 결합으로 표시된다.

이제 ∂ 작용소와 $\bar{\partial}$ 작용소를 정의하는 것은 자연스럽게

$$\partial\big(f(z)dx_J\big) = \sum_{\ell=1}^{n} \frac{\partial f}{\partial z_j} dz_\ell \wedge dx_J$$

$$\bar{\partial}\big(f(z)dx_J\big) = \sum_{\ell=1}^{n} \frac{\partial f}{\partial \bar{z}_j} d\bar{z}_\ell \wedge dx_J$$

를 만족하는 선형 작용소로 정의하면 된다.

이 정의는 실변수를 통한 미분형식들을 사용했지만 복소형식으로 표현이 가능하며 각 식의 맨 뒤에 붙는 dx_J 부분을 $dz_L \wedge d\bar{z}_K$ 들의 선형 결합으로 교체한 표현을 쓰면 복소좌표계 만을 이용하여 쓸 수 있다.

이제 복소함수 f 를 계수로 하는 복소 미분 형식

$$\sigma := f(z)dz_{j_1} \wedge \cdots \wedge dz_{j_p} \wedge d\bar{z}_{k_1} \wedge \cdots \wedge d\bar{z}_{k_q}$$

의 차수를 0 이상의 정수 p, q 를 사용하여 순서쌍 (p, q) 로 정하고 이를 (복소 미분) (p, q) **형식** $\big((p, q)$ **form**$\big)$ 이라고 부르기로 한다. 이런 (p, q)-미분 형식의 합으로 구성된 미분 형식

의 이중 차수 (bidegree) 역시 (p, q) 로 정의하기로 하자.[3] 이중 차수의 정의는 국소 복소좌표계의 선택에 무관하게 항상 일정함도 잘 알려져 있고 실제로 확인하는 것도 어렵지 않다.

문제 3.3.1 주어진 미분 형식의 이중 차수가 복소 다양체의 국소좌표계의 선택에 무관하게 유지됨을 보여라.

때에 따라 $\partial = d'$, $\bar{\partial} = d''$ 등의 기호를 선호하는 것을 볼 수 있음을 말해 둔다. 물론

$$d = \partial + \bar{\partial} = d' + d''$$

가 성립한다. 복소 다양체 X 위에 정의된 (매끄러운) (p, q) 형식의 집합은 기호 $\Lambda^{p,q}(X)$ 등으로 표시하는 경우가 일반적이다. 그리고 이들 작용소에 대하여 아래 관계식이 성립한다.

$$\partial(\Lambda^{p,q}(X)) \subset \Lambda^{p+1,q}(X)$$

$$\bar{\partial}(\Lambda^{p,q}(X)) \subset \Lambda^{p,q+1}(X)$$

$$d \circ d = 0$$

$$\partial \circ \partial = 0$$

$$\bar{\partial} \circ \bar{\partial} = 0$$

문제 3.3.2 위 관계식을 증명하여라.

[3] **이중 차수**는 영어 용어 bidegree의 번역이다.

3.4 $\bar{\partial}$ 도움정리

이 정리의 증명에 관한 역사는 길지만, 장 피에르 드마이 (J.-P. Demailly)에 의하면, 가장 결정적인 공헌은 피에르 돌보 (Dolbeault)와 알렉산더 그로텐딕 (Grothendieck)에게 돌리는 이들—특히 프랑스 수학자들—이 많다. 이 돌보-그로텐딕 보조정리 (Dolbeault-Grothendieck Lemma)와 상세한 증명을 소개하는 것이 이 마디의 목표이다.

3.4.1 $\bar{\partial}$ 방정식의 첫 단계

코시-그린 정리라는 이름으로 알려진 코시 적분정리의 확장부터 소개한다. 그리고 특수한 경우의 $\bar{\partial}$ 방정식을 다루려 한다.

정리 3.4.1 (코시/그린) 복소 평면 $\mathbb{C}$ 위에 정의된 구분적으로 C^1 급으로 매끄러우며 반시계 방향성을 가지는 단순 폐곡선 γ 의 내부 영역을 Ω 라 두자. 만약 f가 복소수 값을 가지는 함수로서 $\Omega \cup \gamma$ 위에서 C^1 급이라면, 관계식

$$f(z) = \frac{1}{2\pi i}\int_{\gamma} \frac{f(\zeta)}{\zeta - z} d\zeta + \frac{1}{2\pi i}\iint_{\Omega} \frac{\partial f(\zeta)}{\partial \bar{\zeta}} \frac{d\zeta \wedge d\bar{\zeta}}{\zeta - z}$$

가 성립한다.

증명. 상수 $r < 0$ 을 택하여 $B(z, r) = \{\zeta \in \mathbb{C} \colon |\zeta - z| < \epsilon\} \subset \Omega$ 가 성립하게 하고 경계도 반시계 방향성을 가지게 하

자. 그러면 $d = \partial + \bar{\partial}$ 이기 때문에, 등식

$$\iint_{\Omega \backslash B(z,r)} \frac{\partial f(\zeta)}{\partial \bar{\zeta}} \frac{d\zeta \wedge d\bar{\zeta}}{\zeta - z} = -\iint_{\Omega \backslash B(z,r)} d\Big(\frac{f(\zeta)}{\zeta - z} d\zeta\Big)$$

가 성립한다. 이제 스톡스의 정리에 의하여

$$\iint_{\Omega \backslash B(z,r)} d\Big(\frac{f(\zeta)}{\zeta - z} d\zeta\Big) = \int_{\partial\Omega} \frac{f(\zeta)}{\zeta - z} d\zeta - \int_{\partial B(z,r)} \frac{f(\zeta)}{\zeta - z} d\zeta$$

를 얻으며 이로부터

$$\int_{\partial B(z,r)} \frac{f(\zeta)}{\zeta - z} d\zeta = \int_{\partial\Omega} \frac{f(\zeta)}{\zeta - z} d\zeta + \iint_{\Omega \backslash B(z,r)} \frac{\partial f(\zeta)}{\partial \bar{\zeta}} \frac{d\zeta \wedge d\bar{\zeta}}{\zeta - z}$$

를 얻는다. 한편, $\zeta - z = re^{i\theta}$ 를 사용하면

$$\frac{d\zeta \wedge d\bar{\zeta}}{\zeta - z} = e^{-i\theta} dr \wedge d\theta$$

를 얻으므로 적분에 관한 르베그 수렴정리가 마지막 항인 면적분에 적용되어 이 항은 $r \downarrow 0$ 인 경우 Ω 전체의 적분으로 수렴한다. 또한, f 가 C^1 급이므로 평균값 부등식

$$|f(\zeta) - f(z)| \leq C|\zeta - z|$$

가 적용되어, 양의 상수 C 에 대하여

$$\Big| \int_{\partial B(z,r)} \frac{f(\zeta) - f(z)}{\zeta - z} d\zeta \Big| \leq 2\pi r \cdot C$$

를 얻게 된다. 뿐만 아니라, 직접 계산에 의해

$$\frac{1}{2\pi i}\int_{\partial B(z,r)}\frac{f(z)}{\zeta - z}d\zeta = f(z)$$

도 얻는다. 이제 이 모든 사실을 종합하여 얻는 등식

$$\begin{aligned} f(z) &+ \int_{\partial B(z,r)}\frac{f(\zeta)-f(z)}{\zeta - z}d\zeta \\ &= \frac{1}{2\pi i}\Big(\int_{\partial\Omega}\frac{f(\zeta)}{\zeta - z}d\zeta + \iint_{\Omega\setminus B(z,r)}\frac{\partial f(\zeta)}{\partial\bar{\zeta}}\frac{d\zeta\wedge d\bar{\zeta}}{\zeta - z}\Big)\end{aligned}$$

를 얻는다. 이제 $r \downarrow 0$ 을 따라 극한을 취하면, 목표했던 결론이 따라온다. □

정리 3.4.2 **복소 평면 위에 정의된 매끄러운 미분** $(0,1)$ **형식** $f = \psi(z)d\bar{z}$ **의 버팀 영역이 옹근 집합이면, 함수**

$$u(z) = \frac{1}{2\pi i}\iint_{\mathbb{C}}\psi(\zeta)\frac{d\zeta\wedge d\bar{\zeta}}{\zeta - z}$$

는 미분방정식 $\bar{\partial}u = f$ **의 풀이가 된다.**

증명. $\bar{\partial}$ 작용소의 정의가 $\bar{\partial}u = \frac{\partial u}{\partial\bar{z}}d\bar{z}$ 이므로, 등식

$$\frac{\partial u}{\partial\bar{z}} = \psi(z)$$

를 보이면 증명이 완결된다. 한편, 정리의 명제가 제시하는 대로 주어진 $u(z)$를 미분하기 위해 우선 면적분에 $\xi = \zeta - z$

치환적분을 시도하면

$$
\begin{aligned}
u(z) &= \frac{1}{2\pi i}\iint_{\mathbb{C}} \psi(\zeta)\frac{d\zeta \wedge d\bar{\zeta}}{\zeta - z} \\
&= \frac{1}{2\pi i}\iint_{\mathbb{C}} \psi(\xi + z)\frac{d\xi \wedge d\bar{\xi}}{\xi}
\end{aligned}
$$

를 얻는다. 여기에 "적분 기호 아래 미분 방법론 (differentiation under the integral sign)" 을 적용하고 제시된 함수 u 를 미분한 후 역치환을 사용하면

$$
\begin{aligned}
\frac{\partial u}{\partial \bar{z}} &= \frac{1}{2\pi i}\iint_{\mathbb{C}} \frac{\partial \psi(\xi + z)}{\partial \bar{z}}\frac{d\xi \wedge d\bar{\xi}}{\xi} \\
&= \frac{1}{2\pi i}\iint_{\mathbb{C}} \frac{\partial \psi(\zeta)}{\partial \bar{\zeta}}\frac{d\zeta \wedge d\bar{\zeta}}{\zeta - z}
\end{aligned}
$$

를 얻게 된다. 이제 ψ 의 버팀 영역이 옹근 집합이므로 이 영역을 포함하는 충분히 큰 열린 원반 영역 $B(0, R)$ 을 택하자. 그러면

$$
\begin{aligned}
\frac{\partial u}{\partial \bar{z}} &= \frac{1}{2\pi i}\iint_{\mathbb{C}} \frac{\partial \psi(\zeta)}{\partial \bar{\zeta}}\frac{d\zeta \wedge d\bar{\zeta}}{\zeta - z} \\
&= \frac{1}{2\pi i}\iint_{B(0,R)} \frac{\partial \psi}{\partial \bar{z}}\frac{d\zeta \wedge d\bar{\zeta}}{\zeta - z} \\
&= \frac{1}{2\pi i}\Big(\int_{\partial B(0,R)} \frac{f(\zeta)}{\zeta - z}d\zeta + \iint_{B(0,R)} \frac{\partial \psi}{\partial \bar{z}}\frac{d\zeta \wedge d\bar{\zeta}}{\zeta - z}\Big)
\end{aligned}
$$

를 얻는다. 마지막 줄 표현은 선적분의 피적분함수가 적분 영역인 곡선 위에서 0 이기 때문에 성립한다. 그리고 이 마지막 줄 수식에 코시/그린 정리 (정리 3.4.1) 를 적용하면 $\psi(z)$ 와 같아지기 때문에 정리의 증명이 완결된다. □

위의 정리 3.4.2를 편미분 방정식을 위한 "분포 이론"의 언어로 다시 쓸 수 있다. 이를 위해 여기에서 사용하는 디락 δ_0 를 잠깐 설명하겠다. 우선, 옹근 버팀 집합을 가지며 정의구역과 치역이 복소 평면인 얼마든지 여러 번 미분가능한 함수들이 이루는 프레셰 (Fréchet) 공간을 기호 $C_0^\infty(\mathbb{C})$ 로 쓰기로 하자. 그러면 $\delta_0(f) = f(0)$ 를 통해 프레셰 공간 $C_0^\infty(\mathbb{C})$ 에 정의되는 연속인 선형 함수족 δ_0 를 "버팀 집합이 $\{0\}$ 인 디락 (Dirac) 델타" 라고 부른다.[4] 위의 정리를 이런 식의 생각을 따라 적분 식으로 표현하면, 아래 정리가 얻어진다.

> **정리 3.4.3** 복소 평면 위의 원점에 정의된 디락(*Dirac*) δ_0 는 $\bar{\partial}\left(\frac{1}{\pi z}\right) = \delta_0$ 를 만족 시킨다.

이 명제의 뜻을 위의 디락 델타에 대한 정의를 써서 표현하려면

$$\delta_0(f) = -\iint_{\mathbb{C}} f(z)\, d\left(\frac{1}{\pi z}\frac{dz}{2i}\right)$$

정도로 쓰는 편이 적절해 보인다.

계속해서 이 정리를 $\mathbb{C}^m$, $m > 1$, 로 확장시킬 수 있다.

> **정리 3.4.4** m **차원 복소 유클리드 공간** $\mathbb{C}^m$ **위에** C^1 **급 매끄러운 미분** $(0,1)$ **형식** $f = \sum_{j=1}^{m} f_j(z_1, \ldots, z_m) d\bar{z}_j$ **가 주어졌는데,** f **의 버팀 영역이 옹근 집합이고, 조건** $\bar{\partial} f =$

[4] Paul Dirac (1902-1984). 영국. 이론물리학자.

0 를 만족시킨다고 하자. 그러면

$$u(z_1, \ldots, z_n) := \frac{1}{2\pi i}\iint_{\mathbb{C}} f_1(\zeta, z_2, \ldots, z_m)\frac{d\zeta \wedge d\bar{\zeta}}{\zeta - z_1}$$

는 C^1 급이고 방정식 $\bar{\partial}u = f$ 를 만족시킨다.

증명. 조건 $\bar{\partial}f = 0$ 에 의하여

$$\frac{\partial f_j}{\partial \bar{z}_k} = \frac{\partial f_k}{\partial \bar{z}_j}, \quad \forall j, k$$

가 성립한다. 또한 $\xi = \zeta - z_1$ 를 이용한 치환적분을 적용하면 위 정리의 증명 방법을 이용하여

$$\begin{aligned}
\left.\frac{\partial u}{\partial \bar{z}_k}\right|_z &= \frac{1}{2\pi i}\iint_{\mathbb{C}} \frac{\partial f_1}{\partial \bar{z}_k}(\xi + z_1, z_2, \ldots, z_m)\frac{d\xi \wedge d\bar{\xi}}{\xi} \\
&= \frac{1}{2\pi i}\iint_{\mathbb{C}} \frac{\partial f_k}{\partial \bar{z}_1}(\xi + z_1, z_2, \ldots, z_m)\frac{d\xi \wedge d\bar{\xi}}{\xi} \\
&= \frac{1}{2\pi i}\iint_{\mathbb{C}} \frac{\partial f_k}{\partial \bar{z}_1}(\zeta, z_2, \ldots, z_m)\frac{d\zeta \wedge d\bar{\zeta}}{\zeta - z_1} \\
&= f_k(z_1, \ldots, z_m)
\end{aligned}$$

를 얻는데, 이로부터 증명이 바로 따라온다. □

3.4.2 $\bar{\partial}$ 도움정리; 돌보·그로텐딕 도움정리

이 마디에서는 지금까지의 정리를 조금 더 일반화한 결과를 소개하려 한다. 이 결과를 고차원 복소함수론 (Several Complex Variables 또는 Multidimensional Complex Analysis) 분야의 학자들은 단순히 "$\bar{\partial}$ 도움정리 ($\bar{\partial}$-Lemma)" 라고 부르는

것이 보통인데, 프랑스에서는 "돌보·그로텐딕 정리 (Dolbeault-Grothendieck Theorem)" 라고 부르는 것이 일반적인 듯하다 [3]. 명제들을 체계적으로 구성하기 위해 "다중 지표 (multi-index)" 기호를 아래와 같이 정리하여 사용할 예정이다.

$$\begin{aligned} J &= (j_1, \ldots, j_p) \\ z^J &= z_1^{j_1} \cdots z_n^{j_n} \\ |J| &= p \\ \|J\| &= j_1 + \ldots + j_n \\ dz_J \wedge d\bar{z}_K &= dz_{j_1} \wedge \cdots \wedge dz_{j_p} \wedge d\bar{z}_{k_1} \wedge \cdots \wedge d\bar{z}_{k_q} \end{aligned}$$

정리 3.4.5 ($\bar{\partial}$ 도움정리; 돌보·그로텐딕 정리) $q \geq 1$**에 대하여 매끄러운** $(0, q)$ **형식** $v = \sum_{|J|=q} v_J d\bar{z}_J$**가 다중 원반** $\mathbb{D}^m(0, R) := D^1(0, R_1) \times \cdots \times D^1(0, R_m) \subset \mathbb{C}^n$ **위에 정의되어 있고, 조건** $\bar{\partial} v = 0$**을 만족시킨다면, 방정식**

$$\bar{\partial} u = v$$

를 $\mathbb{D}^m(0, R)$ **위에서 만족시키는** $(0, q-1)$ **형식** u**가 존재한다.**

증명. 조건 $0 < r_j < R_j, \forall j = 1, \ldots, m$ 를 만족시키는 $r = (r_1, \ldots, r_m)$을 선택하고 $\mathbb{D}^m(0, r)$을 선택한 다음 이 다중 원반에서 방정식의 답이 존재함을 먼저 증명하기로 하자. 이 부분은 v의 버팀 영역이 콤팩트인 경우에 의해 해결되기는 하지만 아직까지는 $q = 1$의 경우만 증명했기 때문에 (정

리 3.4.4) , 지금은 모든 q에 대하여 증명해야 한다.

v를 주어진 복소 유클리드 좌표계 $(z_1, \ldots, z_m)$ 을 이용하여 쓰면 함수 계수와 $d\bar{z}_j$ 들의 쐐기곱으로 구성되는 항들의 합으로 표현되는 다항식이 된다.

이제 v의 표현 중에 나타나는 단항식이 $d\bar{z}_1, \ldots, d\bar{z}_\ell$ 들로만 이루어지게 하는 자연수 ℓ을 생각하고 이에 대한 수학적 귀납법을 사용하려 한다.

$\ell = 0$ 인 경우는 $v = 0$ 인 경우 (예를 들자면, 계수가 0 인 q 형식, $q = 2$ 이고 $v = 0\, d\bar{z}_1 \wedge d\bar{z}_2$ 같은 경우) 에 해당하므로 임의의 온함수 계수를 가지는 (0,1) 형식 u 가 $\bar{\partial}u = v$ 를 만족한다. 따라서 결론이 성립하는 것이 자명하여 증명할 필요가 없다.

따라서 $\ell \leq k - 1$ 인 경우에 u의 존재가 증명되었다고 가정하고 $\ell = k$ 인 경우를 보이면 증명이 끝난다.

$\ell = k$ 이면, $d\bar{z}_1, \ldots, d\bar{z}_{k-1}$ 들에서만 선택되는 $q - 1$ 개들로구성된 두 개의 형식

$$f = \sum_{|J|=q-1} f_J d\bar{z}_J, \; g = \sum_{|J|=q} g_J d\bar{z}_J$$

가 주어져서, f 는 $(0, q-1)$ 형식이고, g 는 $(0, q)$ 형식이며

$$v = d\bar{z}_k \wedge f + g$$

가 되게 표현할 수 있다. 이 표현이 $\bar{\partial}v = 0$ 를 만족시켜야 하니까,

$$0 = -d\bar{z}_k \wedge \bar{\partial}f + \bar{\partial}g$$

가 성립한다. 한편, 각각 아래 두 조건이 만족된다.

(1) $d\bar{z}_k \wedge \bar{\partial} f$ 는 조건 $n > k$ 를 만족시키는 자연수 n 에 대하여 $\dfrac{\partial f_J}{\partial \bar{z}_n} d\bar{z}_k \wedge d\bar{z}_J \wedge d\bar{z}_n$ 들을 포함하고,

(2) $\bar{\partial} g$ 는 조건 $n \geq k$ 를 만족시키는 지표 n 에 대응되는 $d\bar{z}_n$ 를 정확히 하나만 포함할 수 있다.

이로부터

$$\frac{\partial f_J}{\partial \bar{z}_j} = 0,\ \forall j > k$$

를 얻는데, 이는 곧 계수 함수 f_J 들이 변수 $z_{k+1}, \ldots, z_m$ 에 대하여 온함수 (holomorphic function) 임을 의미한다.

이제 $\rho(z)$ 를 $\rho(z) = 1, \forall z \in \mathbb{D}^m(0, r)$ 와, ρ 의 버팀 영역에 관한 $\operatorname{supp} \rho \subset \mathbb{D}^m(0, R)$, 두 조건을 만족하는 매끄러운 함수라 두고, k-번째 복소변수에 관한 두 함수의 합성곱 (convolution) 을 기호 $*_k$ 로 표현하고,

$$F_J(z) := \big(\rho(z) f_J(z)\big) *_k \left(\frac{1}{\pi z_k}\right)$$

로 정의한 다음, 이를 이용하여 $(0, q-1)$ 형식

$$F = \sum_{|J| = q-1} F_J(z) d\bar{z}_J$$

를 정의하자. 그러면, 복소변수 $\zeta = u + iv$ 에 관한 관계식

$du \wedge dv = \frac{i}{2} d\zeta \wedge d\bar{\zeta}$ 를 사용하여,

$$
\begin{aligned}
F_J(z) &= \int_{|\zeta|<R_k} \rho(\zeta) f_J(z_1, \ldots, z_{k-1}, \zeta, z_{k+1}, \ldots, z_n) \\
&\qquad\qquad \cdot \frac{1}{\pi(z_k - \zeta)} du \wedge dv \\
&= \int_{\zeta \in \mathbb{C}^n} \rho(\zeta) f_J(z_1, \ldots, z_{k-1}, z_k - \zeta, z_{k+1}, \ldots, z_n) \\
&\qquad\qquad \cdot \frac{1}{\pi\zeta} du \wedge dv
\end{aligned}
$$

를 얻게 된다. 이제 적분 기호 아래 미분법 (method of differentiation under the integral sign) 을 적용하면 이렇게 얻어진 함수 F_J 는 다중 원반 $\mathbb{D}^m(0, R)$ 전체에서 매끄러운 함수이고 변수 $z_{k+1}, \ldots, z_n$ 에 대하여 온함수 (holomorphic) 가 된다는 것을 확인할 수 있다. 뿐만 아니라

$$\frac{\partial F_J(z)}{\partial \bar{z}_k} = \rho(z) f_J(z)$$

가 $\mathbb{D}^m(0, R)$ 위에서 성립한다. 그러므로 $\mathbb{D}^m(0, r)$ 위에서

$$g_1 := \bar{\partial} F - d\bar{z}_k \wedge f$$

로 두면, g_1 은 $d\bar{z}_1, \ldots, d\bar{z}_{k-1}$ 들로만 구성된 $(0, q)$ 형식이 된다. 그리고

$$
\begin{aligned}
v_1 &:= v - \bar{\partial} F \\
&= (d\bar{z}_k \wedge f + g) - (d\bar{z}_k \wedge f + g_1) \\
&= g - g_1
\end{aligned}
$$

를 얻으며, 이 결과로 v_1 은 $d\bar{z}_1, \ldots, d\bar{z}_{k-1}$ 만으로 구성된 $(0, q)$

형식이 되고, 또 방정식 $\bar{\partial}v_1 = 0$를 만족 시킨다.

이제 귀납법 가정에 의하여 $\bar{\partial}u_1 = v_1$ 를 만족 시키는 $(0, q-1)$ 형식 u_1 이 존재하게 되고, 이로부터 $v = \bar{\partial}(F + u_1)$ 가 $\mathbb{D}^m(0, r)$ 위의 모든 점에서 성립한다는 결론을 얻게 된다.

그러나 아직도 정리의 증명은 완결되지 않았다. 위의 결과를 다중 원반 $\mathbb{D}^m(0, R)$ 으로 확장시켜 거기에서 증명해야 하기 때문이다. 이를 위해서는 근사 방법론 (approximation method)을 사용할 것이다.

이제 충분히 큰 임의의 자연수 ν에 대하여 다중 원반

$$\mathbb{D}_\nu := D^1(0, R_1 - 2^{-\nu}) \times \ldots \times D^1(0, R_m - 2^{-\nu})$$

를 생각하고 앞 단계의 결론을 이용하여 $\bar{\partial}u_\nu = v$ 를 만족시키는 $\mathbb{D}_\nu$ 위의 $(0, q-1)$ 형식을 선택하기로 하자. 그리고 이번에는 q에 관한 귀납법을 사용하려 한다.

$q = 1$의 경우에는, $\bar{\partial}(u_{\nu+1} - u_\nu) = 0$ 이 $\mathbb{D}_\nu$ 위에서 성립하므로 $u_{\nu+1} - u_\nu$ 가 온함수가 된다. 테일러 정리를 적용하여 충분히 높은 차수 테일러 다항식 P_ν를 선택하여 $\mathbb{D}_{\nu-1}$ 위에서 $|u_{\nu+1} - u_\nu - P_\nu| < 2^{-\nu}$ 가 성립하도록 할 수 있으므로,

$$\tilde{u}_\nu := u_\nu - \sum_{1 \le k \le \nu-1} P_k$$

로 두면 $\tilde{u}_\nu$ 들이 국소적으로 고른 코시 (locally uniformly Cauchy) 함수열을 이룬다. 이제 이 함수열의 극한을 u 라 두면 이 함수 u는 $D^n(0, R)$ 위에 정의된 매끄러운 함수이며 임

의의 자연수 ν 각각에 관하여

$$\bar{\partial}u = \bar{\partial}u_\nu = v$$

를 $\mathbb{D}_\nu$ 위의 모든 점에서 만족 시킨다. 그러므로 $\bar{\partial}u = v$ 가 $\mathbb{D}^m(0, R)$ 위에서 성립하고, 원하는 증명이 얻어진다.

$q \geq 2$ 인 경우라면, $\bar{\partial}(u_{\nu+1} - u_\nu) = 0$ 가 성립하고 $u_{\nu+1} - u_\nu$ 는 $\mathbb{D}_\nu$ 위에 정의된 매끄러운 $(0, q-1)$ 복소 미분 형식이다. 따라서 귀납법의 가정에 의해 조건 $\bar{\partial}w_\nu = u_{\nu+1} - u_\nu$ 를 만족시키는 $(0, q-2)$ 미분 형식 w_ν 가 $\mathbb{D}_\nu$ 위에 정의된다. 이제 버팀 집합 (토대, support) 이 $\mathbb{D}_\nu$ 안에 있으며 $\mathbb{D}_{\nu-1}$ 위에서 1 이 되는 매끄러운 함수 $\rho_\nu \colon \mathbb{D}_\nu \to [0, 1]$ 를 택하고 $u_{\nu+1}$ 을 $u_{\nu+1} - \bar{\partial}(\rho_\nu w_\mu)$ 로 대치하며, 이 과정을 귀납적으로 ν 에 대하여 계속해 나가면 $u_{\nu+1}$ 은 $\mathbb{D}_{\nu-1}$ 위에서 u_ν 와 일치하고, 결론적으로 u_ν 들은 내부 점에서 일정 번호 뒤에는 모두 일치하게 되는 소위 "내부에서 정체하는 (stationary)" 함수열을 이루며 수렴하게 되고, 그 극한함수 u 는 $\mathbb{D}^m(0, R)$ 위에서 매끄러운 $(0, q-1)$ 미분형식으로서 방정식 $\bar{\partial}u = v$ 를 만족 시키게 된다. 이로써 정리의 증명이 드디어 완결되었다. □

3.5 미분 복체와 코호몰로지

이 시점에서 **미분 복체 (differential complex)**와 코호몰로지 개념을 형식적으로나마 소개하는 것은 이론 전개의 흐름으로 보아 자연스럽다. 미분 복체란, 기호 $K^\bullet := \bigoplus_{q\in\mathbb{Z}} K^q$로 표시하는 적절한 **가환환 (commutative ring)** 위에 구성된 **등급 모듈(graded module)**과 미분 작용소 $d\colon K^\bullet \to K^\bullet$로 구성되며, $d^q := d|_{K^q}$ 들은 선형함수로서 조건

(1) $d^q(K^q) \subset K^{q+1}$ 와

(2) $d^{q+1} \circ d^q = 0$

를 임의의 정수 q에 대해 만족 시키는 것을 말한다. 지금은 다분히 형식적인 정의에 불과하지만, 계속해서 용어와 기호를 소개한다.

- $Z^q(K^\bullet) := \ker(d^q\colon K^q \to K^{q+1})$ 는 q-**코사이클 (cocycle) 공간**으로,
- $B^q(K^\bullet) := d^{q-1}(K^{q-1})$ 는 q-**코바운다리 (coboundary) 공간** 으로 부르며,
- 이로부터 얻어지는 몫공간 $Z^q(K^\bullet)/B^q(K^\bullet)$을 $H^q(K^\bullet)$ 라는 기호로 표시하고 "미분 복체 $(K^\bullet, d)$의 **드람 q-코호몰로지 공간**" 이라고 부른다.

K^q 가 미분다양체 X의 차수 q 미분형식들의 공간인 경우 외미분 (exterior differential operator) 과 함께 (미분) 복체를

이루게 되는데, 이 복체는 **드람 (De Rham) 복체**라 부르고, 이 경우 얻어지는 q-코호몰로지 공간 $H^q_{DR}(X, \mathbb{R}) := H^q(K^\bullet)$ 은 **차수 q 드람 코호몰로지 공간 (q-th De Rham cohomology (group))** 이라고 부른다. 수학 연구에서 상당히 중요한 위치를 지닌 유명한 연구 대상이다. 이 경우

$$K^q = \Gamma(X, \Lambda^q(T^*X))$$

는 다양체 X 위에 정의된 매끄러운 q-미분 형식들의 집합이 되겠다.

한편, X 가 복소다양체인 경우에는 앞에서 소개한, 이중 차수 (p, q) 를 가지는 매끄러운 미분형식들의 집합 $K^{p,q}$ 를 생각하고 미분 작용소는

$$\bar{\partial}^q : K^{p,q} \to K^{p,q+1}$$

를 택하여 코호몰로지를 구성할 수 있는데, 이렇게 구성된 대상이 돌보 (Dolbeault) 복체이고, 돌보 코호몰로지 를 제공한다.

3.6 일반 벡터 다발과 코호몰로지

바로 위에 설명한 이론을 벡터 다발에 값을 가지는 미분 형식에 관한 이론으로 더 일반화 시킬 수도 있는데, 이를 위해서는 해석 벡터 다발 (holomorphic vector bundle) $\pi\colon E \to X$ 를 도입하는 것이 보통이다.

올차원(fiber-dimension) 이 r 인 벡터 다발 $\pi\colon E \to X$ 는 국소 자명화 $E|_{U_j} \simeq U_j \times \mathbb{C}^r$ 들을 기반으로 구성되고, 전이 함수 즉, $U_j \cap U_k \neq \varnothing$ 가 만족되는 경우 두 표현

$$u_j \in \Gamma(U_j, \Lambda^{p,q}(T^*X) \otimes \mathbb{C}^r),$$
$$u_k \in \Gamma(U_k, \Lambda^{p,q}(T^*X) \otimes \mathbb{C}^r)$$

를 연결짓는 $g_{jk}\colon U_j \cap U_k \to GL(r, \mathbb{C})$ 가 두 조건

$$\bar{\partial} g_{jk} = 0$$
$$u_j = \sum_k g_{jk} u_k$$

를 만족시키므로, $\bar{\partial} u_j = \sum_k g_{jk} \bar{\partial} u_k$ 가 성립하게 된다. 따라서 광역 (global) 단면 $\{u_j\}$ 에 대하여 만들어지는 $\{\bar{\partial} u_j\}$ 역시 광역 단면이 된다. 물론, $\{u_j\}$ 의 이중 차수가 (p, q) 였다면 $\{\bar{\partial} u_j\}$ 의 이중 차수는 $(p, q+1)$ 이 된다. 이로부터 벡터 다발 E 에 값을 가지는 돌보 코호몰로지 군 (Dolbeault cohomology group on X with values in the holomorphic vector bundle E)

$$H^{p,q}(X, E) := H^q(X, (\Lambda^{p,\bullet}(T^*X)) \otimes E; \bar{\partial})$$

가 자연스럽게 정의된다.

이 단계에서 $\Lambda^{p,0}T^*X$ 가 해석 벡터 다발이 되며, 또 관계식

$$\Lambda^{p,q}(T^*X \otimes E) = \Lambda^{0,q}(T^*X) \otimes ((\Lambda^{p,0}(T^*X)) \otimes E)$$

가 성립한다는 것을 확인해 두는 것이 도움이 된다. 이로부터 관계식

$$H^{p,q}(X, E) = H^{0,q}(X, (\Lambda^{p,0}(T^*X)) \otimes E)$$

도 얻는다.

복소다양체 X 가 $\mathbb{C}^n$ 의 열린 부분집합 Ω 인 경우에는 해석 벡터 다발 $\Lambda^{p,0}T^*X$ 가 자명한 선다발(=올차원 1 인 자명한 다발 $\mathcal{O}_\Omega := \Omega \times \mathbb{C}$)를 $\binom{n}{p}$ 번 더하여 (direct fiber-sum) 만들어진 벡터 다발)이 되는데, 이는 또 다른 자명 다발이 된다. 이렇게 기호를 이해하고, 또 복소수 상수 계수를 가지는 $(p, 0)$ 형식들이 이루는 벡터 공간

$$A^{p,0} = \mathrm{Span}_{\mathbb{C}}\{dz_{i_1} \wedge \cdots \wedge dz_{i_p}\}$$

를 채용하면,

$$\begin{aligned} H^{p,q}(\Omega, E) &= H^{0,q}(\Omega, E) \otimes A^{p,0} \\ &\simeq H^{0,q}(\Omega, E)^{\oplus\binom{m}{p}} \end{aligned}$$

도 얻는다. 뿐만 아니라 위에 소개한 $\bar{\partial}$-도움정리 (정리 3.4.5)를 아래와 같이 새로 쓸 수 있다.

정리 3.6.1 ($\bar{\partial}$-도움정리 II) 다중원반 영역 $\mathbb{D}^m(0,R) := D^1(0,R_1) \times \cdots \times D^1(0,R_m) \subset \mathbb{C}^m$ 과 그 위에 정의된 해석 벡터 다발 E에 대하여

$$H^{p,q}(\mathbb{D}^m(0,R),E) = 0$$

가 임의의 정수 $p \geq 0$와 $q \geq 1$에 대하여 성립한다.

보충 3.6.1 이 부분의 추론은 다분히 형식적이며 어떤 이들은 "내용이 없다." 고 하실 수 있다. 그러나 콤팩트 복소 다양체를 비롯한 일반적인 복소다양체를 다루는 경우에는 이런 형식적인 토의도 의미를 가질 수 있고, 때로는 이런 기호에 익숙해지는 편이 여러 문헌을 읽고 이해하는 데에 도움이 될 수 있다.

그러나 코다이라 소멸정리는 여기 소개한 돌보·그로텐딕 정리나 이런 정도의 방법론으로는 얻어내기 어렵다. (하지만 불가능한 것은 아니다.) 따라서 우리는 코다이라의 원래 증명을[5] 재구성하고 배우되, 우선은 캘러 다양체와 벡터 다발, 접속, 곡률 등을 먼저 공부할 것이다.

[5] $\bar{\partial}$ 방정식을 다루는 해석학적 방법론을 말한다.

3.7　잠깐! 이 강의는 어디로 가나요?

이 시점에서 독자들의 마음에 "이 강의는 도대체 어디로 가려고 하는 것인가요?" 라는 질문이 솟구쳐오르지 않을까?

우리가 향하는 곳은 물론, 1950년대 발견되고 발표된 코다이라 소멸정리 (Kodaira vanishing theorem)이다. 지금은 대수기하학의 기본 이론으로 잘 정립된 이 이론은 벡터 다발에 값을 가지는 돌보 (Dolbeault) 코호몰로지 군의 소멸이라는 용어로 설명되며, 이 현상은 특히, 옹근 캘러 다양체 X 에 대하여,

> "$v \in \Lambda^q(T^*X \otimes E)$ 가 조건 $\bar{\partial}v = 0$ 을 만족시킬 때, 조건 $\bar{\partial}u = v$ 를 만족시키는 $u \in \Lambda^{q-1}(T^*X \otimes E)$ 가 존재하겠는가?"

라는 질문과 동등하다.

이 문제를 잘 들여다 보면 가장 중심에 있는 질문은 $\bar{\partial}u = v$ 라는 (연립) 편미분방정식의 풀이를 구하는 것이다. 하지만 연립이든 아니든 편미분방정식의 풀이는 그리 단순하지 않다는 것을 독자도 들어 알고 있을 것이다. 그래서 코다이라는 일반적인 편미분방정식을 다루는 강력한 이론인 "분포 이론 (theory of distributions)" 을 사용하였다. 그러나 이 강좌에서 분포 이론 전체를 다루지는 않고, 필요한 부분만 발췌하며, 원하는 바를 얻어낸 코다이라 교수의 영리한 방법론을 배울 것이다. 따라서 미분 작용소와 풀이에 관한 해석학, 특히 함수해석학과 소볼레프 방법론을 공부할 예정이다.

우리는 지금까지 코호몰로지 문제를 다루기 위해 미분작용소를—특히 그 중에서도 $\bar{\partial}$ 작용소를—다루고 있는데, 벡터 다발의 특성을 감안하여 벡터 다발의 단면에 값을 가지는 미분형식을 다루는 기본적인 공부를 진행하였고, 그런 미분형식에 작용하는 미분작용소를 정의하였으며, 드디어 우리가 원하는 편미분방정식을 구성하고 그 풀이를 얻어내려는 단계의 문 바로 앞에 도착하였다. 용기를 내어 배워 보기로 하자.

많은 수학자들의 뛰어난 공헌으로 정립된 이론은

> 이들 미분 작용소에 관한 "선험적 (*a priori*)" 계측이 성립하면 미분방정식의 풀이가 존재한다.

라는 원리로 요약된다. 그렇다면 중요한 역할을 할 "선험적 계측 (*a priori* estimate)"은 [6] 어떻게 얻는지 알고 싶어지는데, 그건 주어진 복소다양체의 곡률에 의존하는 텐서를 이용하여 얻게 될 것이다. 그러므로 접속과 곡률에 관한 기하학적 이론을 공부해야 하고, 좋은 부등식을 얻기 위한 기하학적 조건도 공부해야 한다. 이렇게 계측 부등식을 얻고 나면, 분포 이론을 이용하여 $\bar{\partial}$ 방정식의 풀이의 존재를 증명하는 법을 배우게 될 것이다.

---

[6] 선험적 (先驗的) 계측이란, 편미분 방정식의 풀이 함수 (혹은 미분형식)의 존재성을 증명하기에 앞서서 풀이가 존재한다고 치고, 이 풀이가 어떤 부등식 혹은 계측을 만족 시키는지 추론하는 과정과 그로부터 얻어지는 계측을 말한다. *a priori* 는 선험적이라는 뜻을 가진 라틴어 표현이므로 영어권에서는 "a priori estimate" 라는 표현을 쓴다. 당연히, 여기의 "a" 는 영어의 부정관사가 아니다!

그러나 돌보 코호몰로지 이론은 분포 이론이 보장하는 풀이에 관한 것이 아니라 실제로 매끄러운 미분 형식에 관한 것이므로, 분포 이론적 풀이가 사실은 매끄러운 미분 형식에 의해 성립하는 이론임을 보여야 한다. 그러므로 이를 위해서 만들어진 정칙성을 보장하게 될 소볼레프 (Sobolev) 이론을 공부해야 한다.

이 이론을 다 수립하고 나면 다양체가 만족해야 할 조건도 보다 명확해지고, 코다이라 소멸정리가 드이어 따라오게 된다.

그러므로 다음 장에서 다양체와 벡터 다발 위에 정의되는 접속과 곡률 이론을 배우면서 코다이라 소멸정리까지의 대장정을 계속해 나가려고 한다.

제 4 장

벡터 다발의 접속과 곡률

곡률 개념은 특히 리만 기하학의 중심 개념이다. 리만 기하학에서는 리만 거리 개념을 토대로 곡률 개념이 구성되는데, 선진 연구자들의 공헌에 의하면 거리 개념도 중요하지만 거리 개념 없이도 접속 (connection) 개념이 구성될 수 있으며 곡률 개념은 접속 개념에 의해 잘 정의되기도 한다. 우리는 복소다양체 위에 구성되는 벡터 다발에 접속 개념을 이해하는 방법론을 배우고 이로부터 곡률 텐서 개념을 구성하는 방법을 정립한 후 이를 이용하는 이론을 배우려 한다. 이들 방법론은 궁극적으로 코다이라의 $\bar{\partial}$ 작용소의 풀이 이론, 즉 소멸정리의 증명에 유용한 이론으로 발전하게 될 것이다.

4.1 리만 구조와 접속—빠른 소개

잠시 복소다양체의 구조를 잊고, X를 리만 다양체 (Riemannian manifold)로만 생각하기로 하자. 그러면 리만 거리계 (Riemannian metric)는 접다발 TX에 작용하는 양의 정부호성 (positive definite) 성질과 대칭성을 지닌 2중 선형 형식이므로, 국소적으로

$$g = ds_X^2 := \sum_{i,j=1}^{\dim X} g_{ij}(x_1, \ldots, x_k) dx_i \otimes dx_j$$

로 표현된다. 여기에서는 $k = \dim X$ 이다. 이 거리계가 매끄럽다는 성질은 계수함수 g_{ij} 각각이 매끄러운 함수라는 성질과 같고, 대칭성은 $g_{ij} = g_{ji}$로 표현하면 되겠다.

4.1.1 리만 접속 (= 레비-치비타 접속)

리만 다양체에는 리만 접속[1] 이라는 이름의 작용소가 자연스럽게 주어지는데 두 개의 매끄러운 벡터장, 즉, $v, w \in \mathcal{E}(TX)$에 대해 기호 $D_v w \in \mathcal{E}(TX)$로 표시되는 공변 미분 (Covariant derivative) 개념과 같은 것으로, 아래에 열거하는 여러 성질을 가진다.

[1]Riemannian connection, 또는 Levi-Civita connection. 참고로 이는 이탈리아의 수학자 Tulio Levi-Civita의 이름(성)에서 따온 용어이다. 물론 레비-치비타는 한 사람이다! [8]

(1) 임의의 벡터장 v, w 에 대해 대응관계 $(v, w) \mapsto D_v w$ 가 $\mathbb{R}$-이중 선형 함수 ($\mathbb{R}$-bilinear map) 를 이룬다.

(2) 조건 $D_{(fv)}w = fD_v w$ 와 $D_v(fw) = v(f)w + fD_v w$ 가 임의의 매끄러운 함수 $f : X \to \mathbb{R}$ 에 대하여 성립한다.

(3) 조건 $u\, ds^2_X(v, w) = ds^2_X(D_u v, w) + ds^2_X(v, D_u w)$ 가 임의의 $u, v, w \in \mathcal{E}(TX)$ 에 대해 성립한다.

(4) 조건 $D_u v - D_v u = [v, u]$ 가 성립한다. 여기에서 $[u, v]$ 는 벡터장 u, v 의 리 괄호 (Lie bracket) 이다.

보다 일반적으로 많은 수학자들이 조건 (1)-(2) 만을 만족하는 D 를 사용하는데, 이를 보다 일반적인 **접속 (connection)** 이라 부르며, 리만 접속과 구분하여 **선형 접속 (linear connection)** 이라 부르기도 한다. 기호도 ∇ 를 사용하는 것이 보통이다.

4.1.2 공변 미분의 확장

보다 일반적으로 데카르트 k 거듭제곱 공간

$$\prod_{j=1}^{k} \mathcal{E}(TX) := \mathcal{E}(TX) \times \cdots \times \mathcal{E}(TX)$$

위에 정의된 다중 선형 함수 F가 주어졌다고 하자. 그러면 ∇F를

$$[\nabla F](v_0, v_1, \ldots, v_k) = \nabla_{v_0}\big(F(v_1, \ldots, v_k)\big) - \sum_{\ell=1}^{k} F(\ldots, \nabla_{v_0} v_\ell, \ldots)$$

로 정의한다. F의 치역이 복소수의 집합인 경우에는 $\nabla_{v_0} F = v_0(F)$ 로 이해한다.

이 방법론으로 위에 소개한 레비-치비타 조건 중 (3)을 다시 보면, (3)은 $F(u,v) = ds_X^2(u,v) = \langle u, v\rangle$ 에 대하여

$$0 = (\nabla F)(w, u, v)$$

이라는 조건과 동등하다.

문제 4.1.1 $\nabla J = 0$ 는 무슨 뜻인가? 벡터장 v, w에 대하여 $(\nabla J)(v, w)$를 계산하고 그 뜻을 해석해 보아라.

4.1.3 카르탕 교수의 방식

위의 이론 전개보다는 미분 형식을 사용하는 구성을 선호하는 이들도 많다. 대수 기하학에서는 더더욱 그러하다. 보통 카르탕 (E. Cartan) 식 정의 (The Cartan formalism)로 알려진 방법은 아래와 같다.

접속 $\nabla_u v$는 원래 리만에 의해 벡터장 v를 다른 벡터장 u로 미분하는 개념으로 개발된 것이지만 위에 소개한 접속의

성질을 보면 v를 잠시 고정하여 만들어지는 대응관계

$$[\nabla v] : u \to \nabla_u v$$

즉, $[\nabla v](u) := \nabla_u v$ 를 바탕으로 생각하면, (엘리) 카르탕 교수의 착상을 이해할 수 있다. 다시 말하자면, ∇ 라는 것은 접다발 TX 의 단면의 집합 $\Gamma(TX) = \mathcal{E}(TX)$, 즉 벡터장들의 집합 위에 정의되고 치역이 $\Gamma(TX \otimes TX^*)$ 인 선형 함수

$$\nabla \colon \Gamma(TX) \to \Gamma(TX \otimes TX^*)$$

로서 임의의 매끄러운 함수 f 와 $v \in \Gamma(TX)$ 에 대하여 조건

$$\nabla(fv) = f\nabla v + v \otimes df$$

(보통 라이프니츠 공식 (the Leibniz rule) 이라고 부름) 를 만족 시키는 것으로 이해할 수 있다. 보다 정확히 말하면 이 조건과 정의는

$$[\nabla(fv)](u) = \nabla_u(fv)$$

가 만족 시켜야 하는 접속의 정의 조건 (2)를 다시 쓴 것으로 이해하면 되겠다. 보다 자세한 것을 확인하는 것은 독자를 위한 연습 문제로 돌린다.[2]

---

[2]다른 조건에 관한 카르탕 방식의 해석 역시 연습 문제로 돌리지만 저자의 다른 책 "리만기하학" [8] 을 참조하실 수도 있다.

4.2 캘러 다양체

4.2.1 리만 구조 복습

리만 거리(계) (Riemannian metric)는 좌표계 $(x_1, \ldots, x_m)$에 의해

$$g = \sum_{1 \le j,k \le m} g_{jk}(x)\, dx_j \otimes dx_k$$

로 표현되고 g_{jk} 들은 매끄러운 함수이며 양의 정부호성을 가지는 대칭 이중 선형 함수를 이루는 것을 앞에서 이미 설명하였다. 따라서 임의의 접벡터

$$\xi := \sum_{j=1}^{m} \xi_j \frac{\partial}{\partial x_j} \in (TX)_x$$

에 대하여

$$|\xi|_g^2 = \sum_{1 \le j,k \le m} g_{jk}(x)\, \xi_j \xi_k$$

가 성립한다. 리만다양체 X 가 방향성 (orientation)을 가지는 경우에는 국소좌표계 $(x_1, \ldots, x_m)$ 가 정방향성 (positive orientation)을 가질 경우

$$dV_g := \sqrt{\det\big(g_{jk}(x)\big)}\, dx_1 \wedge \cdots \wedge dx_m$$

가 리만 다양체 X 의 부피 원소 (volume element)를 정의한다. 이 정의는 정방향 국소 좌표계이기만 하면 좌표계의 선택과 무관하게 잘 정의된다.

4.2.2 에르미트 구조

X 가 복소 m 차원 복소 다양체인 경우에는 에르미트 거리를 생각하는 것이 일반적이다.[3] 일단 복소 좌표계 $(z_1, \ldots, z_m)$ 이 주어졌다고 하자.

> **정의 4.2.1 에르미트 거리(*Hermitian metric*)** 란, 양의 정부호성을 가지는 에르미트 이중 선형 형식 (*Hermitian form*)을 말하는데 주어진 국소좌표계를 이용하여
>
> $$h(z) := \sum_{1 \le j,k \le m} h_{jk}(z) dz_j \otimes d\bar{z}_k$$
>
> 로 표현되는데 이것은 복소 접다발 $T_{(1,0)}X$ 위에 정의되는 $(1,1)$ 텐서이다. 그리 , 여기에 등장하는 계수 h_{jk} 들은 양의 정부호성을 가지는 $m \times m$ 에르미트 행렬을 정의하며 $_{jk}$ 각각은 복소수 값을 가지는 매끄러운 함수들이다.[a]
>
> [a]에르미트 거리는, 엄밀하게 말하자면, 복소 2중 형식 (bilinear map)이 아니다. 두 번째 성분에 대해서는 "켤레 선형 (conjugate linear)" 이기 때문이다. 이를 두고 예전에는 "$1\frac{1}{2}$-선형 (sesqui-linear)" 라는 표현을 쓰기도 했다.

에르미트 조건은 $\overline{h_{jk}} = h_{kj}$ 로 이해할 수 있으므로, 이 함수들을 실수부와 허수부로 나누어 $h = g - i\omega$ 로 쓰면, 벡터

[3]우리 시대의 위대한 기하학자 천싱션 (Shiing-Shen Chern) 교수는 일반적인 복소 다양체가 대부분 (전부라고 해도 과언이 아닌) 에르미트 거리를 가진다는 점을 들어 이 의견을 지지하였다.

다발 $T_{(1,0)}X$의 단면인 복소 접벡터장

$$\xi := \sum \xi_j \frac{\partial}{\partial z_j},$$
$$\eta := \sum \eta_j \frac{\partial}{\partial z_j}$$

들에 대하여

$$\begin{aligned}
h(\xi,\eta) &= \sum_{1\le j,k\le m} h_{jk}(z)\xi_j\bar{\eta}_k \\
g(\xi,\eta) &= \mathrm{Re}\ h(\xi,\eta) \\
&= \frac{1}{2}\sum_{1\le j,k\le m} \left(h_{jk}(z)\xi_j\overline{\eta_k} + \overline{h_{jk}(z)\xi_j}\eta_k\right) \\
&= \frac{1}{2}\sum_{1\le j,k\le m} h_{jk}(z)(\xi_j\bar{\eta}_k + \eta_j\bar{\xi}_k) \\
\omega(\xi,\eta) &= -\mathrm{Im}\ h(\xi,\eta) \\
&= \frac{1}{2}\sum_{1\le j,k\le m} h_{jk}(z)(\xi_j\bar{\eta}_k - \eta_j\bar{\xi}_k)
\end{aligned}$$

와 그리고 마지막 등식과 동등한

$$\omega = -\mathrm{Im}\ h = \frac{i}{2}\sum_{1\le j,k\le m} h_{jk}(z)dz_j\wedge d\bar{z}_k$$

등이 모두 성립한다. 이렇게 정의된 ω는 거리 h에 의해 주어진 것이지만 복소다양체 연구에서 중요한 역할을 담당하기에 (X,h)의 **기본** $(1,1)$ **형식 (fundamental** $(1,1)$ **form)**이라는 거창한 이름이 붙어 있다. 그리고 보통 (X,h) 대신 (X,ω)

라는 기호를 쓰기도 한다.[4] [5]

[4] 기본 $(1,1)$ 형식은 정의상 꼬인 에르미트 형식 (skew-Hermitian form) 이지만, 에르미트 거리 h와 매우 밀접하게 연관되어 있고 h를 재생할 수 있기 때문에 "이 형식 ω가 양의 정부호성을 가진다." 라는 표현도 서슴치 않고 쓰는 경우가 있다.

[5] 앞에서 $T_{(1,0)}X$가 실 벡터 다발 TX와 동형이라는 점을 말하였지만, 동형이라 하여 모든 기능이 다 같은 것은 아니다. 여기에서 보는 바와 같이 $T_{(1,0)}X$가 복소 벡터 다발이기 때문에 에르미트 거리를 수용하며 "복소함수론/복소기하학" 이론을 전개하는데 보다 유용한 면이 있다.

4.2.3 캘러 거리, 캘러 구조

> **정의 4.2.2** 에르미트 거리를 (또는 에르미트 기본 (1, 1) 형식을) 수용하는 복소다양체 (X, ω)를 **에르미트 다양체 (*Hermitian manifold*)**라고 부른다. 그 위에 조건 $d\omega = 0$가 충족 되면 ω 또는 대응되는 에르미트 거리 h를 특히 **캘러 거리 (*Kähler metric*)** 이라고 부른다. 캘러 거리를 수용하는 복소다양체를 **캘러 다양체 (*Kähler manifold*)** 라고 부른다.

복소다양체가 하우스돌프, 제2 가부번성 (second countable) 등의 위상수학적 조건 등을 수용하여 매끄러운 단위 분할 (smooth partitions of unity)을 가지면 에르미트 거리를 수용한다는 사실이 알려져 있으며 증명도 쉬운 편이다. 이를 확인하는 것은 독자를 위한 연습 문제로 돌린다. 그러나 복소다양체가 캘러 거리를 수용하여 캘러 다양체 (Kähler manifold)가 되는 것은 일반적인 현상이 아니며 수학적으로도 특별한 의미가 있다. 이제 캘러 구조의 기본적인 특성 몇 가지를 배워 보기로 하자.

먼저 기본 (1,1) 형식을 국소 좌표계로 표시하여

$$\omega = \frac{i}{2} \sum h_{jk} dz_j \wedge dz_k$$

로 쓴 점을 기억하자. 그러면 캘러 조건 $d\omega = 0$ 와 조건

$$\frac{\partial h_{jk}}{\partial z_\ell} = \frac{\partial h_{\ell k}}{\partial z_j}, \quad \forall j, k, \ell \in \{1, \ldots, m\}$$

는 논리적으로 동등하다. 계속해서 쐐기곱 (wedge product)

의 기본 연산법칙에 의해 $\frac{i}{2}dz_j \wedge d\bar{z}_j = dx_j \wedge dy_j$ 가 성립하기 때문에,

$$\begin{aligned}\frac{1}{n!}\omega^n &= \det(h_{jk})\left(\tfrac{i}{2}dz_1 \wedge d\bar{z}_1\right) \wedge \cdots \wedge \left(\tfrac{i}{2}dz_m \wedge d\bar{z}_m\right) \\ &= \det(h_{jk})dx_1 \wedge dy_1 \wedge \cdots \wedge dx_m \wedge dy_m\end{aligned}$$

가 성립하며, 이 마지막 항은 복소다양체 X의 대표 방향성에 의해 양부호성 (positive) 을 가지는 (m, m) 형식이며, 방향성을 가지는 리만 다양체 $(X, g = \mathrm{Re}\ h)$의 부피 원소 (volume element) dV_g $(g = \mathrm{Re}\ h)$는 $dV_\omega; = \frac{1}{m!}\omega^m$ 와 정확히 일치한다. 또한 $\det g = (\det h)^2$ 가 성립하고, X 가 옹근 캘러 다양체이면

$$\int_X \omega^m = m!\,\mathrm{Vol}_\omega(X) > 0$$

도 성립한다.

이로부터 다음 결과를 얻는다.

따름정리 4.2.1 만약 복소 m 차원 에르미트 다양체 (X, ω)가 옹근 (*compact*) 캘러 다양체이면 기본 $(1, 1)$ 형식은 차수 *2*인 드람(*De Rham*) 코호몰로지 $H^2(X, \mathbb{R})$의 *0*이 아닌 원소를 정의한다. 뿐만 아니라, 임의의 자연수 $k \in \{1, \ldots, m\}$에 대하여 $H^{2k}(X, \mathbb{R}) \neq 0$가 성립한다.

이 정도만 보아도 캘러 구조의 특별함을 느낄 수 있다. 짝수 차원 다양체라 하더라도 $2k$-차원 구면 S^{2k} 의 드람 코호몰로지 군을 생각해 보면 $k = 1$ 인 경우를 제외하고는 어느 것

도 캘러 구조를 수용할 수 없다는 결론에 바로 도달하기 때문이다. 한편 캘러 다양체도 그리 드물지 않고 상당히 많다. 몇 가지 잘 알려진 예를 들어 보자.

알려진 예

1. 복소 n 차원 유클리드 공간 $\mathbb{C}^m$. 가장 표준이 되는 유클리드 거리에서 발전한

$$\langle v, w\rangle := v_1\bar{w}_1 + \cdots + v_m\bar{w}_m$$

를 표준 거리로 들 수 있겠다. 물론 이 개념의 이름은 복소 유클리드 거리 (complex Euclidean metric) 이다. 앞에서 소개한 기호로 쓰면 기본 $(1,1)$ 형식은

$$w = \frac{i}{2}\sum_{1\le j\le m} dz_j \wedge d\bar{z}_j = -\sum_{1\le j\le m} dx_j \wedge dy_j$$

가 되겠다. 부피 원소 dV_ω 는 $\mathbb{C}^m \simeq \mathbb{R}^{2m}$ 의 르베그 측도와 정확히 일치한다.

2. 복소 사영공간 (complex projective space) $\mathbb{P}^m$. 이 공간은 사영 함수 (projection map) $p\colon \mathbb{C}^{m+1}\setminus\{0\} \to \mathbb{P}^m$ 을 통해 구성된다. $\mathbb{C}^{m+1}$ 의 표준 좌표계 $(\zeta_0, \ldots, \zeta_m)$ 을 바탕으로 구성되는 고르지 않은 (non homogeneous) 좌표계

$$z = (z_1, \ldots, z_m) := \left(\frac{\zeta_1}{\zeta_0}, \ldots, \frac{\zeta_m}{\zeta_0}\right)$$

가 $\mathbb{C}^m$ 과 $U_0 := \{\zeta \neq 0\} \subset \mathbb{P}^m$ 를 동일시 시켜주는 국소좌표계를 제공하며, U_0 위에서는 $\partial\bar{\partial}\log|\zeta_0|^2 = 0$ 가 성립하기

때문에

$$\begin{aligned}\omega &= \frac{i}{2}\partial\bar{\partial}\log(1+|z|^2) \\ &= \frac{i}{2}\Big(\frac{\partial\bar{\partial}(|z|^2)}{1+|z|^2} - \frac{\langle dz, z\rangle \wedge \overline{\langle dz, z\rangle}}{(1+|z|^2)^2}\Big)\end{aligned}$$

와

$$\begin{aligned}|\xi|^2_\omega &= \frac{(1+|z|^2)|\xi|^2 - |\xi \wedge z|^2}{(1+|z|^2)^2} \\ &= \frac{|\xi|^2 + |\xi \wedge z|^2}{(1+|z|^2)^2}\end{aligned}$$

가 성립한다. 맨 마지막 등식은 라그랑주 (Lagrange)의 공식으로 알려진 $|\xi|^2|z|^2 = \langle \xi, z\rangle^2 + |\xi \wedge z|^2$ 으로부터 얻어지는데, 이 계산이 ω 가 실제로 에르미트 거리를 정의함을 보여주는 효과가 있다. 물론 $\bar{\partial}\partial\bar{\partial}\omega = \pm\partial\bar{\partial}\bar{\partial}\omega = 0$ 가 성립하므로 ω 는 캘러 거리를 제공한다. 이 개념은 **푸비니-스투디 거리 (Fubini-Study metric)** 이라는 이름을 지닌 유명한 것이다.[6] 파생된 부피 원소는

$$dV_\omega = \frac{d\lambda(z)}{(1+|z|^2)^{m+1}}$$

이다. 이로부터 얻어지는 $\mathbb{P}^m$ 의 부피는 $\pi^m/m!$ 이 되는데, 이를 확인하는 것은 연습 문제로 돌린다.

3. 캘러 다양체의 부분다양체는 자연스럽게 캘러 구조를 이어 받는다. 따라서 이들의 열린 부분 집합도 당연히 캘러

---

[6]Guido Fubini (1879-1943), 이탈리아; Eduard Study (1862-1930), 독일.

구조를 가진다. [그러나 다수의 미분기하학자들은 다양체에 주어진 거리가 코시 완비 (Cauchy complete) 성질을 가지기를 원한다. 그런 점에서 완비 캘러 거리를 찾는다면, 그건 또 다른 문제이다.]

4. **복소 도넛 다양체 (Complex torus)** $X = \mathbb{C}^m/\Lambda$. 보통 **격자군 (Lattice)** 이라고 부르는 변환군 (transformation group) Λ 를 이용한 몫공간을 말한다. 자연스럽게 주어지는 사영함수를 통해 유클리드 거리계로부터 거리 개념이 도출된다. 이를 통해 캘러 거리가 얻어지는데, 물론 이 복소 도넛 다양체는 옹근(compact) 캘러 다양체가 된다.

5. 이번에는 캘러가 아닌 유명한 에르미트 다양체의 예를 들겠다. **호프 다양체 (Hopf manifold)** 라는 이름을 가진 이 다양체는 조건 $0 < \lambda < 1$ 를 만족시키는 λ 가 생성하는 순환군 (cyclic group) (λ^n) 에 의해 주어지는 몫공간 $(\mathbb{C}^2 \setminus \{0\})/(\lambda^n)$ 을 말한다. 당연히 복소다양체가 되지만 미분다양체로서 $S^1 \times S^3$ 와 미분 동형이어서 $H^2(M, \mathbb{R}) = 0$ 조건을 만족 시킨다. 그러므로 이 다양체는 캘러 구조를 가지지 못한다. 확인하는 것은 독자를 위한 연습문제로 돌린다.

4.2.4 캘러 다양체의 특성

캘러 다양체가 가지는 특성이 많고 이들이 이론 전개와 문제 해결에 큰 도움을 주며 편리한데, 연구가 매우 잘 되어 있는 만큼 소개할 내용도 많다. 대략 기본적인 것 조금만 언급 하자면:

- 표준 복소좌표계 (complex normal coordinate sytem)의 존재.
- 기본형이 국소적으로 $\partial\bar{\partial}\psi$ 로 표현할 수 있게하는 매끄러운 포텐셜 함수 ψ 의 존재.
- 복소 에르미트 거리에 의존하는 라플라스-벨트라미 작용소가 리만 거리에 의존하는 라플라스-벨트라미 작용소와 상수배와 같다는 점.
- $\cdots$

등등 $\cdots$, 사실은 꽤 많은데, 이 강의록에서는 이론이 전개됨에 따라 필요한 내용만을 소개하고 사용하려 한다.

4.3 리만 접속의 관점에서 보는 에르미트와 캘러 구조

복소 다양체 X 가 주어졌다고 하자. 이 다양체가 연결되어 있다는 가정은 국소 이론을 주로 다루는 미분기하학의 관점에서는 큰 제약 조건이 아니며, 해석학적인 연구의 관점에서는 제2 가부번성 (second countability), 유사 콤팩트 (paracompact) 등의 조건도 자연스럽게 받아들이며, 이로부터 파생되는 **매끄러운 단위 분할 (smooth partitions of unity)** 의 존재성도 용인하는 것이 보통이다. 그렇다면 복소다양체에는 에르미트 거리가 존재하는 것이 자연스럽다. 이런 관점에서 미분기하학자들은

"모든 복소다양체가 에르미트 다양체이다."

라는 말을 쉽게 받아들인다. 우리도 이 정도의 가정을 용인하고 이 마디의 이론을 전개하려고 한다.

(X, h) 를 복소 에르미트 다양체라고 하자. $g = \mathrm{Re}\ h$ 로 두면, $g := \langle\ ,\ \rangle$ 은 리만 거리가 되고 (X, g) 는 리만 다양체이다. 그러면 벡터장 u, v, w 에 대하여 (u, v) 에 벡터장 $\nabla_u v$ 가 대응되며, u, v 각각에 대하여 $\mathbb{R}$-선형성이 성립하고, 복소수 값을 가지는 매끄러운 함수 f, g 에 대하여 조건

(1) $\nabla_{fu} v = f \nabla_u v$.

(2) $\nabla_u f(v) = f \nabla_u v + u(f) \nabla_u v$.

(3) $u\langle v, w\rangle = \langle \nabla_u v, w\rangle + \langle v, \nabla_u w\rangle$.

(4) $\nabla_u v - \nabla_v u = [u, v]$

들을 모두 만족시키는 ∇ 가 정확히 하나 존재하며, 이것이 바로 **리만 공변 미분 작용소 (Riemannian covariant derivative)** 또는 **레비-치비타 접속 (Levi-Civita connection)** 라는 이름을 가진 개념이다.

이들 조건 중에서 리만 기하학에 특화된 중요한 조건을 꼽자면 조건 (3) 이 되겠고, 이 조건은 앞에서 설명한 텐서에 대한 공변 미분으로 보자면

$$\nabla g = 0$$

에 해당한다. 조건 (4) 는 다양체의 미분 구조에 특화된 조건이고, 보통은 **비틀림 텐서 (torsion tensor) 없음** 조건이라고 부른다.[7]

그렇다면 복소다양체 이론에 특화된 조건은 무엇일까? 이에 대해서는 복소 구조 텐서 J 에 관하여 걸 수 있는 조건인

$$\nabla J = 0$$

가 된다는 점이 이미 알려져 있다. 하지만 리만 공변 미분을 정의하는 접속이 이미 정확히 하나 존재한다는 점을 보면, 이 레비-치비타 접속이 지금 내걸고 싶은 $\nabla J = 0$ 라는 또 하나

[7] 영어로는 Torsion-free condition 이라 한다. 비틀림 텐서 (Torsion) 는 $T(X, Y) := \nabla_X Y - \nabla_Y X - [X, Y]$ 로 정의하는데, 이는 벡터장 값을 가지는 미분 2형식이다.

의 조건을 만족시킬 수 없을지도 모른다. 하지만 이렇게 "무리한" 요구를 만족시키는 리만 거리가 존재하는 경우가 있는데, 그것은 $g = \mathrm{Re}\, h$ 를 통해 리만 거리를 정의하는 에르미트 거리 h가 캘러 거리인 경우이고, 또한 역으로 이 조건을 모두 만족 시키는 경우는 캘러 거리인 경우 뿐이다.

그렇다면 일반적인 에르미트 거리에 특화된 접속 (에르미트 접속; Hermitian connection)은 어떻게 정의하면 좋을까? 물론 이런 것도 잘 연구 분석되어 있다.

정의 4.3.1 (에르미트 접속) 에르미트 다양체 (X, h)에 대하여 $g = Re\ h$로 주어지는 리만 거리를 정의하면, 벡터장 u, v에 대하여 가 대응관계 $(u, v) \mapsto \nabla_u v : \Gamma(TX) \times \Gamma(TX) \to \Gamma(TX)$가 실수 계수에 관한 이중 선형 형식 (*bilinear map*)으로 정의되고, 그 외의 부대 조건

(*1*) $\nabla_{fu} v = f \nabla_u v$.

(*2*) $\nabla_u f(v) = f \nabla_u v + u(f) \nabla_u v$.

(*3*) $\nabla g = 0$.

(*4*) $\nabla J = 0$.

를 만족시키면, 이런 ∇ 를 에르미트 다양체 (X, h) 위에 정의된 **에르미트 접속 (*Hermitian connection*)** 이라고 부른다.

임의의 에르미트 거리에 대응하는 에르미트 접속이 존재한다는 사실도 알려져 있다. 그러나 에르미트 접속은 주어진 에르미트 거리에 대하여, 하나 이상 존재할 수 있음도 알려져 있다.

그렇다면 에르미트 접속은 이미 주어진 에르미트 거리에 비해 얼마나 많이 있을까? 캘러 거리가 아닌 에르미트 거리에 가장 잘 맞는 에르미트 접속은 어느 것일까? 등등 질문이 떠오를 것이다.

이 강의록에서는 이 방향 토의를 계속하지 않으려 하지만, 리만 접속의 경우에 걸려 있던 "비틀림 텐서 $T(u,v) = \nabla_u v - \nabla_v u - [u,v]$ 가 완전히 소멸된다." 라는 조건을 요구하는 대신 비틀림 텐서의 일부가 소멸된다는 조건을 요구함으로써 이런 질문을 연구할 수 있음을 예상할 수 있을 것이다. 이런 연구로부터 **천 접속 (Chern connection)**, **고뒤숑 접속 (Gauduchon connection)** 등의 개념이 구성되어 있다. 에르미트 접속은 유일하게 결정되지 않지만, 천 접속과 고뒤숑 접속은 각각 유일하게 결정된다.

4.4 벡터 다발과 접속 및 곡률

접속 개념은 기하학을 지탱하는 기둥과 같은 역할을 한다. 이번 마디에서는 에르미트 기하학의 기초를 이루는 접속, 곡률, 그리고 천 클라스 (=천 류) 등의 개념을 소개하고 다루어 보려 한다.

4.4.1 벡터 다발 위의 선형 접속과 곡률 형식/텐서

정의 4.4.1 (벡터 다발의 선형 접속) 미분다양체 M 위에 정의된 올차원 r인 복소 벡터다발 $\pi\colon E \to M$ 가 주어졌다고 하자.[a] 이 벡터 다발의 **접속 (*connection*)**은 선형 작용소

$$D\colon \Gamma(M, \Lambda^q(M) \otimes E) \to \Gamma(M, \Lambda^{q+1}(M) \otimes E)$$

로서 아래 조건 (이 또한 라이프니츠 법칙 (*Leibniz rule*) 이라고 부른다.)

$$D(f \wedge u) = df \wedge u + (-1)^{\deg f} f \wedge Du$$

를 임의의 $f \in \Gamma(M, \Lambda^p(M))$ 와 임의의 $u \in \Gamma(M, E)$에 대하여 충족 시키는 것을 말한다. 위의 식에서 $\deg f$는 미분 형식 f의 차수를 나타낸다. 이 접속을 "선형 접속 (*linear connection*)" 이라는 이름으로 부르는 것이 보통

이다.

[a]복소 벡터다발과 선형 접속 개념을 수용하기 위한 바탕 다양체는 매끄러운 미분다양체이면 족하다. 복소 구조 등 특별한 구조를 더 가질 필요가 없다.

접속 개념을 국소 좌표계 (즉, 국소 자명화)를 이용하여 표현해 보는 것은 늘 도움이 된다. 다양체 M 위의 국소 좌표계 근방 (local coordinate neighborhood) U를 택하여 벡터 다발 E의 국소 자명화 $\theta\colon E|_U \to U \times \mathbb{C}^r$를 구성하자. 그러면, 접속 D는 $u \in \Gamma(U, E)$에 작용하고,

$$Du := du + \omega \wedge u$$

로 쓰여지게 하는 $\omega \in \Gamma(U, \Lambda^1(U) \otimes \mathrm{Hom}\,(E, E)$가 존재한다. 여기에 등장한 ω는 미분 1형식들을 원소로 가지는 $r \times r$ 행렬이고 d는 각 성분에 작용하는 것으로 이해하면 된다. (바로 위의 기호로 구성된 표현은 이 문장을 의미한다.) 당연한 일이겠지만 ω를 **접속 1형식 (connection 1-form)** 이라고 부른다.[8]

계속해서 $D(Du)$를 생각한다. 그러면 $ddu = 0$이므로

$$D^2 u = (d\omega + \omega \wedge \omega) \wedge u$$

를 얻는데, D^2는 $E \to M$ 전체에 잘 정의된 작용소임이 알려져 있다. [국소 자명화끼리 연결짓는 **전이 함수 (transition function)**들에 의해 잘 연결되는 특성이 확인된다는 뜻인데,

[8]실제로는 미분 1형식들을 원소로 가지는 $r \times r$ 행렬이다.

이를 확인하는 것은 독자에게 연습 문제로 남긴다.] 그러므로 (U,θ) 에 대하여

$$\Theta(D) := d\omega + \omega \wedge \omega$$

로 주어지는 벡터다발 E 에 값을 가지는 미분 2형식 원소를 가지는 $r \times r$ 행렬이 벡터 다발 $E \to M$ 전체에 잘 정의된 작용소 (보통 **광역 작용소 (global operator)** 라고 부름) 가 정의된다. 그리고

$$\Theta(D) \in \Gamma(M, \Lambda^2(M) \otimes \mathrm{Hom}\,(E,E))$$

도 확인할 수 있다. (자세한 것을 확인하는 것은 연습 문제로 돌린다.) 따라서 벡터 다발 E 에 값을 가지는 다양체 M 위의 미분 형식 u 에 대하여

$$D^2 u = \Theta(D) \wedge u$$

로 쓸 수 있다. 이렇게 정의된 $\Theta(D)$ 를 (M,E,D) 의 **곡률 텐서 (curvature tensor)** 혹은 곡률 형식 (curvature form) 이라고 부른다.

보충 4.4.1 리만 다양체의 경우에 정의된 곡률 개념은 매우 정밀하게 정의되어 있는데, 이를 카르탕 방식으로 다시 써서 방금 소개한 곡률 형식을 계산해 보면 그 결과로 리만 다양체의 곡률 텐서를 얻는다. E 가 접다발인 경우와 쌍대 접다발인 경우를 모두 계산하고 비교해 보아라.

4.4.2 에르미트 구조와 곡률

이제 벡터 다발 $E \to M$ 위에 매끄러운 에르미트 거리가 E의 올(fiber) 위에 정의되어 있다고 하자. 국소 자명화 $E|_U \simeq U \times \mathbb{C}^r$ 를 좌표틀 $e_1, \ldots, e_r$ 을 통하여 표현하면, 에르미트 거리는 단면

$$u = \sum_{\lambda=1}^{r} u_\lambda \otimes e_\lambda$$
$$v = \sum_{\lambda=1}^{r} v_\lambda \otimes e_\lambda$$

에 대하여

$$\{u, v\} := \sum_{\lambda,\mu} u_\lambda \wedge \bar{v}_\mu \langle e_\lambda, e_\mu \rangle$$

로 확장되며, 대응관계

$$\Gamma(\Lambda^p \otimes E) \times \Gamma(\Lambda^p \otimes E) \longrightarrow \Gamma(\Lambda^p \otimes E)$$
$$(u, v) \mapsto \{u, v\}$$

를 생성한다. 그러면 접속 D가 주어진 에르미트 구조와 어울리는 **에르미트 접속 (hermitian connection)** 이라는 말은

$$d\{u, v\} = \{Du, v\} + (-1)^{\deg u}\{u, Dv\} \tag{4.1}$$

라는 조건을 만족시킨다는 뜻과 같다. 이를 확인해 보는 것은 연습 문제로 돌린다.

이 시점에서 좌표틀 e_λ가 표준 직교 좌표틀 (orthonormal

system) 이라고 가정하자.[9] 그러면 접속 1 형식 (행렬) ω 의 에르미트 전치행렬 (transpose-conjugate matrix) $\omega^\star$ 가 관계식 $\omega^\star = -\omega$ 를 만족 시킨다. 선형대수 용어로 표현한다면, 접속 1 형식은 꼬인 에르미트 행렬 (skew-Hermitian matrix) 이다. 계속해서 곡률 행렬 $\Theta(D)$ 도 꼬인 에르미트 행렬 조건 $\Theta(D)^\star = -\Theta(D)$ 를 만족시킨다. 그러므로 허수 단위 i 를 곱하여

$$i\Theta(D) \in \Gamma(M, \Lambda^2(M)) \otimes \mathrm{Hom}\,(E, E)$$

가 성립함을 알 수 있다. 확인해 보아라.

4.4.3 선다발의 경우

벡터 다발 $E \to M$ 의 올차원이 1인 경우, 즉 E 가 선다발 (line bundle) 인 경우를 생각해 보자. 그러면 올 각각에 정의된 에르미트 거리는 1×1 행렬로 주어지므로 1개의 원소만으로 이루어진 행렬이며 원소는 양수이어야 한다. 따라서 매끄러운 에르미트 거리는 (국소적으로) 매끄러운 양수함수로 주어진다.

에르미트 접속 D 는 물론 접속 1 형식에 의해 주어지는데 이것 역시 1×1 행렬이므로 단순히 미분 1 형식—이를 ω 로 두자—으로 주어졌다고 보면 되겠고, D 가 에르미트 조건을 만족시킨다는 것은 ω 가 순허수 (purely imaginary) 형식, 즉

[9] 그람-슈미트 (Gram-Schmidt) 방법에 의해 표준 직교 좌표틀을 구성할 수 있다.

$\overline{A} = A$를 만족하는 미분 1형식 A에 대하여 $\omega := iA$로 주어진다고 하면 되겠다.

계속해서 곡률 형식은

$$\Theta(D) = d\omega + \omega \wedge \omega = d\omega = i\,dA$$

이며 $d\big(\Theta(D)\big) = 0$를 만족시킨다. 그러므로

$$C_1(E, D) := \frac{i}{2\pi}\Theta(D)$$

라는 닫힌 2형식을 얻으며 이 형식이 드람 코호몰로지 군에 정의하는 드람 코호몰로지 클라스 $c_1(E, D)$를 정의한다. 천싱션 (陳省身 Chern Shiing-Shen) 교수의 정리에서 $c_1(E, D)$ 가 에르미트 접속 D의 선택과 무관하게 일정하게 유지되는 코호몰로지 클라스임이 증명되었으므로 이 클라스는 $c_1(E)$로 표현하며 "The first Chern class of the Hermitian Line bundle E" (에르미트 다발 E의 제1 천 류)라고 부른다.[10] 계수 $\frac{i}{2\pi}$ 는 제1 천 클라스가 콤팩트 다양체 M의 경우 $c_1(E) \in H^2(M, \mathbb{Z})$ 조건을 만족시키기 위한 배려인데, 지금은 더 자세한 설명을 하지 않으려 한다.

[10]논문 S. S. Chern, "Vector bundles and connection" 참조.

4.5 접속의 분화와 천(陳省身, Chern) 접속

복소다양체 X 로 돌아가자. 복소 해석 벡터 다발 (즉, 전이함수가 복소해석함수가 되는 벡터 다발) E 에 대하여 접속 D 를 생각하면, 이는 자연스럽게

$$D = D' + D''$$

로 분화된다. 지금부터 이 개념들과 이론 전개를 배워 보기로 하자.

벡터 다발 E 의 국소 자명화 θ 를 하나 고정하고 매끄러운 좌표틀을 하나 고정하면,

$$D'u := \partial u + \omega' \wedge u$$
$$D''u := \bar{\partial} u + \omega'' \wedge u$$

로 쓰면, $\omega = \omega' + \omega''$ 가 성립해야 한다.

이렇게 분화된 두 개의 "접속" D', D'' 를 각각 $(1,0)$- 접속, $(0,1)$- 접속이라고 부르기로 하겠다.

이제 벡터 다발 E 에 복소 구조가 있는 경우, 즉, E 의 올들 각각이 복소 벡터 공간 $\mathbb{C}^r$ 과 복소 동형이고, 국소 자명화가 복소해석 동형인 경우를 말한다. 여기에 특히 조건

$$D'' = \bar{\partial} \tag{4.2}$$

를 더하기로 하자. 이런 조건을 만족하는 에르미트 접속 D 가

정확히 하나 결정되는데, 이 접속 D를 **천(陳省身, 천싱션, 진성신) 접속 (Chern connection)** 이라고 부른다.[11]

국소 좌표계(자명화)를 사용하여 이 개념을 다시 해석해 보는 것이 도움이 된다. 해석 벡터 다발 E의 좌표틀 (보다 정확하게는 $E|_U$의 좌표틀!) (e_λ)를 사용하기로 하고, 에르미트 거리는 에르미트 행렬 $H = (h_{\lambda\mu})$로 표시하자. [이 강의록에서는, 별도의 설명이 없으면 벡터의 표현은 세로 벡터 표현을 표준으로 삼는다.] 물론 $h_{\lambda\mu} = \langle e_\lambda, e_\mu \rangle$ 기호를 쓰고,

$$\{u, v\} := \sum h_{\lambda\mu} u_\lambda \wedge \bar{v}_\mu = u^T \wedge H\bar{v}$$

로 표시하며, u^T는 u의 전치행렬 즉, 가로 벡터이다. 여기에 단순 계산을 적용해 보자. 우선

$$d\{u, v\} = (du)^T \wedge H\bar{v} + (-1)^{\deg u} u^T \wedge (dH \wedge \bar{v} + H \wedge \overline{dv})$$

를 얻고, 여기에

$$H^T = \bar{H}$$

와

$$dH = \partial H + \bar{\partial} H = \partial H + \overline{\partial \bar{H}}$$

[11] 천싱션 접속으로 부르기를 원하지 않는 이들도 있다. 그 경우 $\bar{\partial}$-접속 ($\bar{\partial}$-connection) 이라는 이름을 사용하기도 한다.

를 적용하면,

$$d\{u,v\} = (du + \bar{H}^{-1}\partial H \wedge u)^T \wedge H\bar{v} + (-1)^{\deg u} u^T \wedge \overline{(dv + \bar{H}^{-1}\partial \bar{H} \wedge v)}$$

가 얻어진다. 그러므로 $\bar{\partial}$-접속 (즉, 천싱션 접속, Chern 접속)은 국소 좌표계와 국소 자명화를 사용하면 조건

$$\begin{cases} Du = du + \bar{H}^{-1}\partial \bar{H} \wedge u \\ D'u = \partial u + \bar{H}^{-1}\partial \bar{H} \wedge u \\ D''u = \bar{\partial} u \end{cases} \tag{4.3}$$

등을 만족하는 에르미트 접속이라는 것을 알 수 있다.

4.5.1 $\bar{\partial}$-접속의 곡률

위의 계산으로부터 $D'D' = 0$ 와 $D''D'' = 0$ 를 얻으므로,

$$D^2 = D'D'' + D''D'$$

를 얻게 되고 곡률 텐서 $\Theta(D)$ 가 이중 차수 $(1,1)$ 인 대상임을 알 수 있게 된다. $0 = dd = (\partial + \bar{\partial})(\partial + \bar{\partial})$ 와 $\partial^2 = 0$ 및 $\bar{\partial}^2 = 0$ 로부터 $\partial\bar{\partial} + \bar{\partial}\partial = 0$ 도 성립하기 때문에 기호 계산으로부터

$$D^2 u = \bar{\partial}(\bar{H}^{-1}\partial \bar{H}) \wedge u$$

를 얻는다. 이로부터 **천싱션(Chern) 곡률 텐서** $\Theta(D)$ **(또는** $i\Theta$**)의 (국소) 표현**

$$i\Theta(E) = i\bar{\partial}(\bar{H}^{-1}\partial \bar{H}) \tag{4.4}$$

를 얻는다. Chern 곡률도 모든 곡률이 그러하듯 천 접속에 의존하는 것이 사실이지만 에르미뜨 벡터 다발은 에르미뜨 거리 (올 거리 fiber metric)와 함께 주어지고, 이로부터 천 접속이 유일하게 결정되므로 천싱션 곡률 텐서는 에르미뜨 벡터 다발 자체에 의존한다고 할 수 있다. 이에 의존하여 $\Theta(D)$와 $\Theta(E)$의 기호를 혼용해도 문제 없음을 언급해 둔다.

리만 기하의 곡률과 비교하기를 원하는 독자를 위해서 국소 표현을 이용하여 조금 더 토의를 이어가 보려 한다. 복소 다양체 X의 복소 좌표계 $(z_1, \ldots, z_n)$과 에르미트 해석 벡터 다발 E의 표준 직교좌표틀 (orthonormal frame) $e_1, \ldots, e_r$에 대하여

$$\langle i\Theta(\cdot,\cdot,\cdot),\cdot\rangle = \sum_{\substack{1\le j,k\le n\\ 1\le\lambda,\mu\le r}} R_{jk\lambda\mu} dz_j \wedge d\bar{z}_k \otimes e_\lambda^* \otimes \overline{e_\mu^*}(\cdot,\cdot,\cdot,\cdot)$$

로 표현할 수 있고, 이로부터 **곡률 형식 (curvature form)** 이라고 부르는 개념

$$\tilde{\Theta}(\xi\otimes v, \xi\otimes v) = \sum_{\substack{1\le j,k\le n\\ 1\le\lambda,\mu\le r}} R_{jk\lambda\mu}\xi_j\bar{\xi}_k v_\lambda \bar{v}_\mu \tag{4.5}$$

이 $TX\otimes E$ 위에 (보다 정확히는 이 벡터 다발의 단면 집합 위에) 정의된다.

4.6 에르미트 벡터 다발의 정부호성

바로 위에 소개한 곡률 형식은 (정)부호성을 가질 수 있는 개념이므로 이를 통해 벡터 다발의 양 또는 음의 정부호성 (positivity, negativity) 등을 정의할 수 있다. 이 정부호성 (definiteness)은 코다이라 이론 (1953)에서 그 중요성이 처음 천명되었고, 후에 나카노(中野, Nakano, 1955), 그리피쓰(Griffiths, 1966) 등에 의해 여러가지로 분화되고 소개되었다. 장피에르 드마이 (Jean-Pierre Demailly)의 이론 전개에 따르면 곡률의 정부호성은 아래와 같이 정리된다.

정의 4.6.1 복소 다양체 위의 에르미트 벡터 다발 $E \to X$에 대하여,

(1) 조건 $\tilde{\Theta}(\tau, \tau) := \sum R_{jk\lambda\mu}\tau_{j\lambda}\tau_{k\mu} > 0$가 *0*이 아닌 임의의 원소 $\tau = \sum \tau_{j\lambda}\frac{\partial}{\partial z_j} \otimes e_\lambda$에 대하여 만족되면, E가 **나카노 양부호성 (*Nakano positivity*)** 을 지닌다고 부른다.

(2) 조건 $\tilde{\Theta}(\xi \otimes v, \xi \otimes v) > 0$가 *0*이 아닌 $\xi \otimes v \in TX \otimes E$ 형태의 원소에 대하여 만족되면 E가 **그리피쓰 양부호성 (*Griffiths positivity*)** 을 지닌다고 부른다.

물론, *0* 이상이라는 뜻을 포함하는 정의 (그리므로 부등호 $>$ 대신 $\geq$를 쓴다.)도 사용되며, 그 경우는 정부호성

대신 **버금 정부호성 (*Semi-positivity*)** 등의 용어를 사용한다.

4.6.1 선다발의 경우

이제 $E \to X$ 가 에르미트 선다발 (Hermitian line bundle) 인 경우를 생각하자. 그러면, (국소 좌표계와) 국소 자명화를 선택하였을 때 에르미트 거리 H 는 단순히 양수값을 가지는 함수 (양수함수 positive function) 이다.[12] 앞으로의 이론 전개를 감안하면 이 함수를 매끄러운 실함수 $\varphi\colon U \to \mathbb{R}$ 을 이용하여 $e^{-\varphi}$ 로 쓰는 것이 편리하다.

이렇게 정하고 나면 곡률은 등식

$$i\Theta(E) = i\bar{\partial}(e^{\varphi}\partial e^{-\varphi}) = i\partial\bar{\partial}\varphi \tag{4.6}$$

를 제공하며 이것은 이중 차수가 $(1,1)$ 인 미분 형식이 된다. 따라서 나카노 양부호성과 그리피쓰 양부호성은 모두 조건

$$i\partial\bar{\partial}\varphi > 0$$

과 같다는 것이 쉽게 확인된다. 함수론에서는 이 조건을 만족하는 φ를 엄격한 다중 버금조화함수 (strictly plurisubharmonic function) 라고 부른다. 자주 쓰이는 개념이므로 영문 표현의 주요 글자를 모아 짠 표현 "SPSH" 또는 기호

[12] 전통적인 함수론에서 "양함수" 라는 용어는 $y = f(x)$ 형식의 표현을 말하는 것으로 영어로는 Explicit function 이라고 쓴다. 함수값이 양수인 양수함수와는 다른 개념이다.

"$i\partial\bar{\partial}\varphi \gg 0$"를 사용하려고 한다.[13]

[13]다중 버금조화함수를 다루는 함수론에서는 함수가 미분가능할 필요가 없다. 대수기하학에서도 그런 일반적인 경우를 다루지만, 여기에서 더 이상의 토의를 하지는 않으려 한다.

제 5 장

벡터 다발과 미분 작용소 몇 가지

이 장에서는 벡터 다발 위에 정의되는 미분작용소 몇 가지를 소개하고 이들로부터 파생되는 미분방정식과 이들을 다루는 방법론 일부를 소개하려고 한다. 기호, 구성, 부대 조건 및 속성, 미분 작용소의 타원성 등이 주요 내용이 될 것이다. 이 강의록에서는 선형 미분 작용소 (linear differential operator) 만을 다룰 예정이다.

이 장에서는 기호 $\mathbb{K}$로 실수체 혹은 복소수체를 표시하겠고, M은 매끄러운 미분다양체를 표현하며 특별히 따로 지정하지 않는 한 차원은 m으로 두겠고, E, F 등은 올차원이 각각 r, s 인 M 위에 정의된 $\mathbb{K}$-벡터 다발이라고 두고 이론을 전개하도록 하겠다.

5.1 미분작용소

우선 다중 지표 기호를 다시 소개한다. 앞의 마디 3.4에서 소개한 적이 있지만 새로운 기호도 있으므로 여기에 중복의 위험에도 불구하고 또 적는다.

$$\alpha = (\alpha_1, \ldots, \alpha_m) \in \mathbb{N}^m$$
$$\|\alpha\| = \alpha_1 + \ldots + \alpha_m$$
$$D^\alpha := \left(\frac{\partial}{\partial x_1}\right)^{\alpha_1} \cdots \left(\frac{\partial}{\partial x_m}\right)^{\alpha_m}$$

정의 5.1.1 차수 δ인 **미분작용소 (*differential operator*)**라는 개념은, $\mathbb{K}$-선형성을 만족시키는 함수

$$P \colon \Gamma(M, E) \to \Gamma(M, F)$$

로서 국소 표현으로는 $u = (u_1, \ldots, u_r) \in \Gamma(M, E)$ 에 대하여

$$Pu(x) = \sum_{\|\alpha\| \le \delta} a_\alpha(x) D^\alpha u(x)$$

로 주어지는 대상을 말한다. [여기에서 $a_\alpha(x)$는

$$a_\alpha(x) = \big(a_{\alpha;\lambda\mu}(x)\big)_{1\le\lambda\le s, 1\le\mu\le r}$$

로 표시되는 $s \times r$ 행렬이며 원소들은 매끄러운 함수들이다. s, r은 각각 벡터 다발 E, F의 올차원이다.]

이제 미분작용소의 "상징기호 (symbol)" 개념을 소개하려

한다. t를 $\mathbb{K}$ 값을 취하는 매개변수라 하고, $f\colon M \to \mathbb{K}$ 는 매끄러운 함수, $u \in \Gamma(M, E)$ 라고 하면,

$$e^{-tf(x)}P(e^{tf(x)}u(x))$$

는 t에 관한 다항식이 되고 차수는 δ가 된다. 정리하면

$$\begin{aligned} & e^{-tf(x)}P(e^{tf(x)}u(x)) \\ & \qquad = t^\delta \sigma_P(x, df(x)) \cdot u(x) \\ & \qquad\qquad + t\text{의 차수가 }\delta\text{보다 낮은 항들} \end{aligned}$$

로 쓸 수 있다. 그리고 $\sigma_P(x, df(x))$는 함수

$$\sigma_P\colon \xi \in (T^*M)_x \mapsto \sigma_P(x,\xi) \in \mathrm{Hom}\,(E_x, F_x)$$

를 정의하는데, 이 함수는 $\xi = (\xi_1, \ldots, \xi_m)$에 대하여 각 단항식의 차수가 고른, "고른 차수" (homogeneous) 다항식이 된다. 결론적으로 $\sigma_P(x,\xi)$ 는 쌍대접다발 T^*M 위에 정의되며, 변수 (x,ξ)에 대한 매끄러운 함수가 된다. 이 함수 σ_P는 국소좌표계나 국소자명화의 선택과 무관하게 정의되므로 (확인하는 것은 연습 문제!) 이를 미분작용소 P의 **주요 상징 기호 (prinicipal symbol)** 라고 부른다.

미분작용소 P, Q에 대한 단순 계산에 의해

$$\sigma_{Q\circ P}(x,\xi) = \sigma_Q(x,\xi)\sigma_P(x,\xi)$$

가 성립하는 것을 확인할 수 있다. 우변은 행렬의 곱으로 계산된다.

5.2 L^2 방법론 기초 개념 (1)

5.2.1 L^2 내적

$E \to M$ 를 방향성이 정의된 미분 다양체 M 위에 정의된 에르미트 벡터 다발이라고 하고 h 를 에르미트 거리라 두자. 따라서 X 에는 매끄러운 부피 원소 형식 $dV(x) = \gamma(x) dx_1 \wedge \cdots \wedge dx_m$ 이 정의된다. 그러면 자연스럽게 E 의 L^2 단면들이 정의된다. 다시 말하자면 $u : x \in M \to u(x) \in E_x$ 들 중에서

$$\|u\|^2 := \int_M |u(x)|^2 dV(x)$$

의 값이 유한한 u 들이 존재하며 이들의 집합을 $L^2(M, E)$ 라고 정의하겠다. 더 나아가 $u, v \in L^2(M, E)$ 에 대하여 L^2 내적 (L^2 inner product)

$$\langle\!\langle u, v \rangle\!\rangle := \int_M \langle u(x), v(x) \rangle_h dV_x \tag{5.1}$$

도 정의된다.

5.2.2 딸림 모형작용소

미분작용소 $P \colon \Gamma(M, E) \to \Gamma(M, F)$ 가 주어졌다면 조건

$$\langle\!\langle Pu, v \rangle\!\rangle = \langle\!\langle u, P^* v \rangle\!\rangle,\ \forall u \in \Gamma(M, E), v \in \Gamma(M, F)$$

를 만족시키는 작용소 $P^* \colon \Gamma(M, F) \to \Gamma(M, E)$ 가 존재하겠는가?

이 질문에 대한 만족스런 대답을 하기 위해서는 소위 **불연**

속 선형 작용소 (unbounded linear operator)—미분 작용소는 대부분 이 범주에 속한다—에 대한 함수해석학 (Functional Analysis)의 지식이 필요하다. 상당히 일반적인 이론이지만 우리는 번잡함을 피하기 위해 $\bar{\partial}$ 작용소에 대해 이론을 전개하겠고, 보다 일반적인 미분작용소에 대해 적용하고 이론을 전개하는 것은 관심 있는 독자들을 위한 과제(연습 문제 수준)로 남겨 둔다.

우리의 중심 연구 대상인 $d, \partial, \bar{\partial}$ 작용소—그 중에서도 특히 $\bar{\partial}$ 를 다루기 위해 지금 구성하려는 작용소는 소위 "형식적 딸림 작용소 (formal adjoint operator)" 라는 낯선 이름의 작용소 $\bar{\partial}^*$ 라는 것이다. 희망하는 바는 복소다양체 X 와 그 위에 정의된 해석 벡터 다발 $\pi\colon E \to X$ 가 주어졌을 때, 임의의 $u \in \Gamma(\Lambda^{p,q}(X) \otimes E), v \in \Gamma(\Lambda^{p,q+1}(X) \otimes E)$ 에 대하여 관계식

$$\langle\!\langle \bar{\partial} u, v \rangle\!\rangle = \langle\!\langle u, \bar{\partial}^* v \rangle\!\rangle$$

를 성립하게 하는 $\bar{\partial}^*$ 를 직접 계산해 보고자 하는 것이다. 물론 이런 계산이 무슨 의미를 가지는지, 논리적으로 적합한지 등등을 따져야 하겠지만 지금은 그런 것을 논외로 둔 "무책임하고 형식적인" 계산을 해 보려고 한다.

이를 위해 국소 자명화 $E|_U$ 를 선택하여 X 의 국소좌표계 $z = (z_1, \ldots, z_n)\colon U \to z(U) \subset \mathbb{C}^n$ 과 $\theta\colon \pi^{-1}(U) \to U \times \mathbb{C}^r$, 그리고 $E|_U$ 의 (이동) 좌표틀 $e_1, \ldots, e_r$ 을 쓰기로 하자. 그러

면 부피 원소는 $dV_z = \gamma(z)dz \wedge d\bar{z}$ 가 되겠고,

$$u = \sum_{|J|=p,|K|=q,|L|=r} f_{JK} dz_J \wedge d\bar{z}_K \otimes C_L\, e^L$$

$$v = \sum_{|J|=p,|K|=q+1,|L|=r} g_{JK} dz_J \wedge d\bar{z}_K \otimes C_L\, e^L$$

에 대하여 관계식은

$$\int_U \langle \bar{\partial} u(z), v(z) \rangle \gamma(z) dz \wedge d\bar{z} = \int_U \langle u(z), \bar{\partial}^* v(z) \rangle \gamma(z) dz \wedge d\bar{z}$$

가 된다. 그러므로 첫 번째 식을 풀어 쓴 다음, 부분적분법을 시행하여 두 번째 식의 형태로 빚어내는 과정을 통해 $\bar{\partial}^*$ 를 형식적으로 얻어낼 (사실은 예상할) 수 있게 될 것이다.[1]

기호의 복잡성에 비하면 계산은 비교적 단순한 편이지만 번잡한 기호를 최대한 피하기 위하여 $p = 0, q = 0$ 이고 $r = 1$ 인 경우, 그리고 부분적분에서 등장하는 경계 위의 적분을 피하기 위해 u, v 의 버팀 영역이 U 의 옹근(compact) 부분집합인 경우로 한정하여 계산해 볼 것을 추천한다. 그렇게 해 보고 나면 매우 일반적인 p, q, r 의 경우를 계산하는 것도 조금은 쉽게 느껴질 것이다. 더 자세한 계산은 생략한다. 보다 야심찬 독자는 아마도 일반적인 선형 미분작용소의 딸림 모형작용소를 계산해 보고 싶으실 것 같다. 그것도 가능하다. 하지만 이 강의록에서는 실제로 계산을 수록하지 않겠고, 연습 문제로

[1] [7] 에서 계산식을 찾을 수 있다.

돌린다.

5.3 L^2 방법론 기초 개념 (2)

이제 **"벡터 다발 E에 값을 가지는 이중 차수 (p,q)인 L^2 미분 형식"** 이라는 이름을 가진 대상을 소개하려고 한다.

그들의 집합은 $L_2^{p,q}(X,E)$ 라는 기호로 표현하는데 이들은 자연스럽게 복소 벡터 공간을 이루며, 위에 소개한 내적 $\langle\!\langle\ ,\ \rangle\!\rangle$ 도 자연스럽게 확장되어 "내적을 가진 복소 벡터 공간 (complex inner product vector space)" 을 이루게 된다. 실 해석학의 르베그(Lebesgue) 이론도 자연스럽게 적용되어 이 공간은 모든 코시 수열이 수렴하는 "완비 공간 (complete space)" 을 이루므로 "내적을 가진 완비 복소 벡터 공간 (complete complex inner product vector space)" 이 된다. 이렇게 긴 이름 대신 수학자들은 이런 공간을 **힐베르트 공간 (Hilbert space)** 이라고 부른다. 우리도 이 전통을 따르도록 하겠다.

그렇다면 $\bar\partial$ 및 그의 딸림 작용소들은 어떻게 이해해야 하겠는가? 우리의 힐베르트 공간 $\left(L_2^{p,q}(X,E), \langle\!\langle\ ,\ \rangle\!\rangle\right)$ 의 차원은 유한이 아니기에, 보통 "무한 차원 힐베르트 공간" 이라는 용어를 쓴다. 유한 차원과는 달리 무한 차원 공간에는 선형 함수라 하더라도 연속이 아닌 작용소가 존재한다. 이런 대상을 다루는 함수해석학 (Functional Analysis) 연구자들은 힐베르트 공간 사이에 정의된 선형 함수 (linear map) $L\colon H \to K$ 의 크기 (norm)를

$$\|L\| := \sup\{\|Lu\|_K : u \in H, \|u\|_H = 1\}$$

로 정의하는데 아래 정리가 성립하는 것을 쉽게 증명할 수 있

다.

정리 5.3.1 힐베르트 공간 H, K 와 그 사이에 정의된 선형함수 $L\colon H \to K$ 에 대하여, L 이 연속이라는 조건과 $\|L\|$ 이 유한한 값을 가진다는 조건은 논리적으로 동등하다.

그래서 영어권에서는 이러한 선형함수가 연속이라는 용어 대신 선형함수가 "유계 (bounded)" 라는 표현을 널리 사용하고, 불연속 (discontinuous) 이라는 용어보다는 "unbounded" 라는 표현을 즐겨 사용한다. 이 책을 우리말로 쓰고 있는 저자로서는 이에 걸맞는 용어를 찾지 못하였기에 "불연속" 이라는 표현을 쓰고 있다.[2]

우리가 다루려는 $\bar{\partial}$ 와 같은 미분 작용소들은 대부분 불연속 작용소이고 $L_2^{p,q}(X, E)$ 의 모든 원소에 정의되지 아니한다.
[3]

한편, $\Gamma(X, \Lambda^{p,q}(X) \otimes E)$ 의 원소들, 즉 **벡터 다발 E 에 값을 가지는 매끄러운 (p, q) 미분 형식**들 중에서 버팀 영역이 국

---

[2]대한수학회 용어집에서는 "갇히지 않은 연산자/작용소" 라는 표현이 수록되어 있는데, 이 용어를 택한 이들이 고심한 흔적이 역력하다.

[3]힐베르트 공간 전체에 정의된 선형 작용소는 무조건 연속이라는 용감한 "주장"을 저자도 들은 적이 있으나, 이는 사실이 아니며, 실제로 반례가 있다고 한다. 이는 유명한 Hellinger-Toeplitz 정리가 와전된 것이라고들 하는데, 원래 정리는 "힐베르트 공간 전체에 정의되고 대칭형인 (즉 딸림 작용소가 존재하고 자기 자신과 같은) 작용소는 연속이다." 라고 한다.

소 자명화 근방의 옹근 부분집합인 것들이 이루는 집합 $\Gamma_0(X, \Lambda^{p,q}(X) \otimes E)$ 는 힐베르트 공간 $L_2^{p,q}(X, E)$의 부분집합이며 내적 $\langle\langle\, , \rangle\rangle$에 의해 주어지는 위상(topology)을 기준으로 조밀 부분집합 (dense subset)을 이루고 있으며, 이 부분집합 위에서는 $\bar{\partial}$가 잘 정의되어 있다. (하지만, 여전히 불연속이다!) 이런 작용소를 보통 "조밀하게 정의된 작용소 (densely-defined operator)" 라고 부른다.[4]

5.3.1 딸림 작용소

힐베르트 공간 H, K 사이에 조밀하게 정의된 (즉, 조밀한 부분집합에 정의된, 그러나 연속일 필요 없는) 작용소 $L\colon H \to K$ 가 주어졌다고 하자. 그러면 L의 정의구역(domain)과 치역(range)을 각각

$$\mathrm{Dom}\,(L) = \{u \in H\colon \exists v \in K, L(u) = v\}$$
$$\mathrm{Ran}\,(L) = \{v \in K\colon \exists u \in H, L(u) = v\}$$

로 정의하고, 또 L의 **영점 집합 (kernel, zero-set, Nullstelle)**을

$$\mathrm{Ker}\,(L) = \{u \in H\colon L(u) = 0\}$$

로 정의해 둔다.

[4]이런 토의는 힐베르트 공간보다 더 일반적인 바나흐(Banach) 공간으로 자연스럽게 확장되지만, 이 책에서는 힐베르트 공간 안에서 모든 이론을 전개한다.

이제 두 힐베르트 공간의 데카르트 곱 $H \times K$ 에 자연스럽게 내적이 주어진다.

$$\langle (u,v),(u',v')\rangle_{H\times K} := \langle u,u'\rangle_H + \langle v,v'\rangle_K$$

가 그것인데, 이로부터 L의 그래프와 그래프의 **닫힘 집합 (closure)** 이 정의된다. 아래 정리가 쉽게 증명된다.

정리 5.3.2 (닫힌 작용소) **미분작용소, 특히 $\bar{\partial}$에 대하여, 그들 각각의 그래프의 닫힘 집합을 그래프로 가지는 작용소가 존재한다.**

참고로, 작용소가 연속이든 아니든, 그래프의 집합이 닫힌 집합일 수 있다. [5] 증명은 자명하지만 불연속 작용소 연구에 유용한 아래 명제/정리를 소개한다.

정리 5.3.3 (딸림 작용소) **힐베르트 공간에 조밀하게 정의된 작용소의 그래프가 닫혀 있으면, 이 작용소는 딸림 작용소를 가지며, 역시 조밀하게 정의되어 있다.**

그러므로 $\bar{\partial}$: $L_2^{p,q}(X,E) \to L_2^{p,q}(X,E)$ 작용소는 닫힌 작용소 (즉, 그래프가 닫힌 집합인 작용소)로 확장되며, 이렇게 확장된 작용소는 물론 딸림 작용소 (adjoint operator)를 가진다. 같은 결과가 우리가 소개한 선형 미분작용소에 적용된다.

[5]함수해석학의 “닫힌 그래프 정리 (Closed Graph Theorem)” 은 모든 점에 정의된 작용소에만 적용된다. 우리가 다루는 미분작용소는 정의역이 힐베르트 공간 전체가 아니라는 점을 기억하자.

제 6 장

보크너· 코다이라· 나카노 공식; L^2 이론 (3)

지금부터는 캘러 다양체 X와 그 위에 정의된 에르미트 벡터 다발 E를 기초로 그 위에 정의된 기본 미분작용소와 그들 사이의 연산과 관계 등을 소개하려 한다. 이 장에서 소개하는 대부분의 계산은 $\bar{\partial}u = v$의 풀이를 제공할 이론과 결과를 목표로 구성되었다.

6.1 등급모듈, 등급대수

우리가 다루려는 복소 선형 작용소들은 **등급 모듈** (Graded module) 의 "총합" 으로 구성된 **등급 대수** (graded algebra) 라는 이름을 가진 공간 $\bigoplus_{p,q\geq 0}\Gamma(X,\Lambda^{p,q}(X))$ 위에 정의되는 것으로 보는 것이 자연스럽다. 이런 구성과 관점은 형식

논리에 치우친 느낌이 있지만, 이론 전개에 편리하다는 장점이 있다.

6.1.1 이중 차수 작용소

만일 특정한 작용소가

$$\Gamma(X, \Lambda^{p,q}(X)) \to \Gamma(X, \Lambda^{p+r,q+s}(X))$$

로 표현되는 대응 관계를 정의하는 경우에는, 이 작용소를 **2중 차수** (r, s) **작용소 (operator of (bi)degree** (r, s)**)**라고 부르기로 한다.

6.1.2 등급 교환자와 야코비 등식

등급 대수 $\mathcal{A} := \bigoplus \mathcal{A}_k$ 위에 작용하는 **작용소** A, B 가 각각 차수 a, b 인 고른 등급 (homogeneous degree) 작용소이면 **등급 교환자 (graded commutator)**를

$$[A, B] = AB - (-1)^{ab} BA$$

로 정의한다. 또 다른 차수 c 인 등급 작용소 C 가 주어지면

$$\begin{aligned}(-1)^{ca}[A, [B, C]] + (-1)^{ab}[B, [C, A]] \\ + (-1)^{bc}[C, [A, B]] = 0\end{aligned} \tag{6.1}$$

가 성립한다는 것을 순전히 기호 계산으로 확인할 수 있다. 이 관계식은 전통을 따라 **야코비 등식 (Jacobi identity)** 이라고 부른다.

6.1.3 α-곱셈 작용소 L_α

$\alpha \in \Gamma(X, \Lambda^{p,q}(X))$ 에 대하여

$$L_\alpha : u \to \alpha \wedge u.$$

는 $\Gamma(X, \Lambda^{\bullet,\bullet}(X) \otimes E$ 에서 자신으로 가는 차수 (p,q) 함수 (대응관계) 이다. 자주 쓰이는 것이지만 별도의 이름이 없다. 좀 밋밋하지만 L_α 를 α-**곱셈 작용소** (α-**multiplication operator**) 라고 부르기로 한다.

6.2 (p,q) 미분형식에 적용되는 에르미트 내적

복소 n 차원 캘러 다양체 (X,ω)가 주어졌다고 하자. 캘러 거리 ω를 구성하는 주요 요소인 리만 거리 $g = \mathrm{Re}\,\omega$ 는 물론 실 접공간 $TX_\bullet$ 위에 양의 정부호성을 지닌 내적을 정의한다. 그리고 또, 자연스럽게, 복소 접공간 $\mathbb{C}\otimes TX_\bullet$ 위에 에르미트 내적을 준다. 더 나아가, 이 구성 방법은 $TX_\bullet$ 위에 정의되고 실수 값을 가지는 $\mathbb{R}$-선형 함수족 ($\mathbb{R}$-linear functional) 들에 대한 에르미트 내적도 제공한다.

보다 구체적으로 설명해 보자. 임의의 $\varphi \in \mathrm{Hom}\,(TX,\mathbb{R})$ 에 대하여

$$\|\varphi\| := \sup\{|\varphi(v)| \colon \langle v,v\rangle = 1\}$$

를 정의하면, 이 길이 함수가 평행사변형 공식을 만족시키므로 그로부터 $\mathrm{Hom}\,(TX,\mathbb{R})$ 위에 정의되는 내적이 얻어진다. 이것이 **쌍대 내적 (dual inner product)** 이라는 이름으로 알려진 개념이다. 그리고

$$\mathrm{Hom}\,(TX,\mathbb{C}) = \mathrm{Hom}\,(\mathbb{C}\otimes TX,\mathbb{C})$$

가 이해되며

$$\mathrm{Hom}\,(\mathbb{C}\otimes TX,\mathbb{C}) = \Lambda^{1,0}(X)\oplus\Lambda^{0,1}(X)$$

로부터 이들 공간에 정의되는 에르미트 내적이 주어진다.

특수한 예를 생각해 보자. 캘러 다양체 중에서, 유클리드

공간 $\mathbb{C}^n$ 에 표준 유클리드 캘러/리만 거리가 주어진 것을 택하면, 접벡터

$$\frac{\partial}{\partial x_1}, \dots, \frac{\partial}{\partial x_n}; \frac{\partial}{\partial y_1} \dots, \frac{\partial}{\partial y_n}$$

들이 표준 직교좌표틀 (orthnormal basis) 을 이룬다. 그러므로

$$\left|\frac{\partial}{\partial z_j}\right| = \left|\frac{1}{2}\frac{\partial}{\partial x_j} - \frac{i}{2}\frac{\partial}{\partial y_j}\right| = \frac{1}{\sqrt{2}}$$

가 성립하고, $\left|\frac{\partial}{\partial \bar{z}_j}\right| = \frac{1}{\sqrt{2}}$ 도 성립한다. 그러면 이 경우, 미분 1 형식들의 길이는 어떻게 될까? $|dx| = 1 = |dy|$ 로부터

$$|dz| = |dx + idy| = \sqrt{2},\ |d\bar{z}| = \sqrt{2}$$

를 얻는다. 이로부터 $\Lambda^{1,0}(\mathbb{C}^n) \oplus \Lambda^{0,1}(\mathbb{C}^n)$ 위의 캘러 내적을 도출할 수 있다.[1]

이제 일반적인 캘러 다양체 (X, ω) 의 경우를 이해할 수 있다. 국소좌표계 근방 $U \subset X$ 위에서 $T_{1,0}X|_U$ 의 표준 직교좌표틀 (orthonormal basis) $(\xi_1, \dots, \xi_n)$ 을 택한다. 그러면 쌍대 접다발 $T^{1,0}X|_U$ 에 쌍대 좌표틀 $(\xi_1^*, \dots, \xi_n^*)$ 이 주어지며 이로부터 $T^{1,0}X|_U$ 위에 "쌍대 거리 (dual metric)" 가 주어진다. 그러면 임의의 (p,q) 형식은

$$u = \sum_{|I|=p, |J|=q} u_{IJ} \xi_I^* \wedge \bar{\xi}_J^*$$

[1]이 내적에 따르면 $\frac{\partial}{\partial z_1}, \dots, \frac{\partial}{\partial z_n}; \frac{\partial}{\partial \bar{z}_1}, \dots, \frac{\partial}{\partial \bar{z}_n}$ 들은 직교좌표계를 이룬다.

라는 표현을 가지게 된다. 그러면 다양체 위의 (실제로는, 계산이 수행되는 국소 좌표계 영역 U 위의) 각 점에서

$$|u|_\omega^2 := \sum_{|I|=p,|J|=q} |u_{IJ}|^2$$

로 주어지게 되고,

$$\langle u_1 \wedge \cdots \wedge u_p \wedge \bar{v}_1 \wedge \cdots \wedge \bar{v}_q,\ u'_1 \wedge \cdots \wedge u'_p \wedge \bar{v}'_1 \wedge \cdots \wedge \bar{v}'_q\rangle$$
$$= \det(\langle u_j, u'_k\rangle)\,\overline{\det(\langle v_j, v'_k\rangle)}$$

로 (p, q) 형식들의 내적이 계산된다. 그러면 $L_2^{p,q}(X, E)$ 위의 내적은

$$\langle\!\langle u, v\rangle\!\rangle_\omega := \int_X \langle u, v\rangle_\omega dV_\omega$$

로 주어진다.

6.3 축약 연산

기호의 번잡함을 피하기 위해 이제부터는 꼭 필요한 경우가 아니라면, 관계식에 캘러 거리 ω 를 표시하지 않으려 한다.

미분 다양체 위의 접벡터와 미분 형식 사이에는 전통적으로 축약 연산 (contraction) 이라는 개념이 존재한다. 캘러 다양체 위에서도 이 연산이 자연스럽게 정의된다.

접벡터장 ξ 와 차수 k 인 미분형식 u 가 주어졌다면 축약 $\xi \rfloor u$ 는 아래 관계식에 의해 정의된다.

$$(\xi \rfloor u)(\xi_1, \ldots, \xi_{k-1}) = u(\xi, \xi_1, \ldots, \xi_{k-1}),$$
$$\forall \xi, \xi_1, \ldots, \xi_{k-1} \in \Gamma(X, TX).$$

이렇게 정의된 축약 $\xi \rfloor u$ 은 차수 $k-1$ 미분 형식이 되는데, 이를 확인하는 것을 포함하여 여러 구체적인 경우에 축약을 계산해 보는 것 등은 연습 문제로 돌린다.

도움정리 6.3.1 **접벡터 ξ 의 쌍대 *1* 형식 ξ^* 는 리만 거리에 대해 $\xi^*(\eta) = \langle \eta, \xi \rangle$, $\forall \eta \in TX$ 로 정의한다. 이 경우**

$$\langle \xi \rfloor u, v \rangle = \langle u, \xi^* \wedge v \rangle$$

가 성립한다. 다시 말하면, 축약에 의해 정의되는 함수 $\xi \rfloor \bullet : u \mapsto \xi \rfloor u$ 는 ξ^*-곱셈 작용소 $\xi^*(u) := \xi^* \wedge u$ 의 딸림 작용소 (*adjoint operator*)가 된다.

증명은 연습 문제로 돌린다.

6.4 $\partial, \bar{\partial}, L$ 과 $\partial^*, \bar{\partial}^*, \Lambda$, 그리고 $\Delta, \Box, \bar{\Box}$

자주 등장하는 작용소를 정리해 둔다. $d = \partial + \bar{\partial}$는 앞에서 이미 소개하였고, 계속해서 주어진 캘러 거리 ω로부터 파생되는 L^2 내적 $\langle\!\langle\,,\,\rangle\!\rangle$에 의해 정의되는 딸림 작용소 각각 $d^*, \partial^*, \bar{\partial}^*$ 로 표시하기로 하자. 예를 들면, $\bar{\partial}^*$ 는 관계식

$$\langle\!\langle \bar{\partial}u, v\rangle\!\rangle = \langle\!\langle u, \bar{\partial}^* v\rangle\!\rangle$$

를 통해 정의된다.

문제 6.4.1 $d^* = \partial^* + \bar{\partial}^*$ 를 증명하여라. 또한 딸림함수의 차수를 각각 계산하여 보아라.

계속해서 **라플라스-벨트라미 (Laplace-Beltrami) 작용소**를 소개한다. 여기 등장하는 대괄호는 앞 마디 6.1.2에서 소개한 등급 교환자 (Graded commutator)를 뜻한다.

(1) $\Delta = dd^* + d^*d = [d, d^*]$

(2) $\Box = \partial\partial^* + \partial^*\partial = [\partial, \partial^*]$

(3) $\bar{\Box} = \bar{\partial}\bar{\partial}^* + \bar{\partial}^*\bar{\partial} = [\bar{\partial}, \bar{\partial}^*]$

앞으로 자주 등장할 작용소 두 개를 더 소개한다. 캘러 형식 ω에 의한 곱셈 형식

$$Lu = \omega \wedge u$$

와 이 작용소의 딸림 함수 $\Lambda := L^*$ 가 그것이다. 물론 이 함수는 관계식

$$\langle u, \Lambda v \rangle = \langle Lu, v \rangle$$

에 의해 정의된다. 여기의 내적은 다양체의 각 점 위의 미분형식에 대한 캘러 내적이다.

6.5 아키즈키·나카노 기호계산 도움정리

1950년대 후반에 코다이라 이론을 연구하고 정리/발전시킨 아키즈키 교수와 나카노 교수의 연구를 따르며 정리하여 구성된 방법론이 있다. 위에 소개한 여러 개념과 기호에 대한 계산 연습을 시켜주고 일반적인 경우의 이론을 보다 쉽게 접근할 수 있게 도와 주므로, 그것을 배워 보기로 하자.

복소 다양체 $X = \mathbb{C}^n$ 위의 캘러 거리계가

$$\omega = i \sum_{1 \le j \le n} dz_j \wedge d\bar{z}_k$$

로 주어졌다고 하자. 이렇게 하면 $\left|\frac{\partial}{\partial z_j}\right| = 1$ 와 $|dz_j| = 1$ 가 성립하여 계산이 좀 더 쉽다. 또한 $u = \sum_{I,J} u_{IJ} dz_I \wedge d\bar{z}_J \in \Gamma(X, \Lambda^{p,q}(X))$ 에 대하여

$$\partial u = \sum_{I,J,k} \frac{\partial u_{IJ}}{\partial z_k} dz_k \wedge dz_I \wedge d\bar{z}_J$$

$$\bar{\partial} u = \sum_{I,J,k} \frac{\partial u_{IJ}}{\partial \bar{z}_k} d\bar{z}_k \wedge dz_I \wedge d\bar{z}_J$$

를 얻으며, 동시에 아래 보조정리를 얻는다.

도움정리 6.5.1 **위의 가정 아래에서 다음 등식을 얻는다.**

$$\partial^* u = -\sum_{I,J,k} \frac{\partial u_{I,J}}{\partial \bar{z}_k} \frac{\partial}{\partial z_k} \rfloor (dz_J \wedge d\bar{z}_J)$$

$$\bar{\partial}^* u = -\sum_{I,J,k} \frac{\partial u_{I,J}}{\partial z_k} \frac{\partial}{\partial \bar{z}_k} \rfloor (dz_J \wedge d\bar{z}_J).$$

증명은 연습문제로 돌린다. 딸림함수의 정의를 따르되,

$$(dz_j \wedge \bullet)^* = \frac{\partial}{\partial z_j} \rfloor \bullet$$

를 사용하면 ∂^* 의 계산에 도움이 되고, 비슷한 등식을 사용하면 $\bar{\partial}^*$ 를 계산하는 데 도움이 된다.

도움정리 6.5.2 **위의 가정 하에서**

$$[\bar{\partial}^*, L] = i\partial$$

가 성립한다.

이 증명 역시 기호계산으로 얻어진다. 연습 문제로 돌린다.

이제 일반적인 캘러다양체 (X, ω) 에 관하여 위위 연산자들 사이의 가환 작용소 (commutattors) 에 대한 아래의 여러 공식을 얻게 된다.

정리 6.5.3 **캘러다양체 (X, ω)에 대하여 아래 관계식**

$$[\bar{\partial}^*, L] = i\partial, \ \ [\partial^*, L] = -i\bar{\partial}$$
$$[\Lambda, \bar{\partial}] = -i\partial^*, \ \ [\Lambda, \partial] = i\bar{\partial}^*$$

등이 성립한다.

이 정리로부터 $\square = \bar{\square} = \frac{1}{2}\Delta$를 얻는다.

이 외에도 $[\partial, \bar{\partial}^*] = -i[\partial, [\Lambda, \partial]]$와 $\partial, \Lambda, \partial$에 대한 야코비 등식을 적용하여

$$[\partial, \bar{\partial}^*] = 0, \ [\bar{\partial}, \partial^*] = 0$$

를 얻게 되고—이런 관계를 "가환 관계 (commutativity)" 라고 부르기도 한다—아래 정리도 얻는다.

정리 6.5.4 **캘러다양체 (X, ω) 위에서 라플라스-벨트라미 작용소 Δ가 미분작용소 $\partial, \bar{\partial}, \partial^*, \bar{\partial}^*, L, \Lambda$ 각각과 가환 관계에 있다.**

문제 6.5.1 이제까지 등장한 등식 관계식을 확인하여라.

6.6 보크너·코다이라·나카노 등식

6.6.1 표준좌표틀 보조정리

캘러 다양체 (X, ω) 위에 정의된 에르미트 벡터 다발 (E, h) 에 대하여 벡터 다발에 정의된 Chern 접속 D 가 주어졌다고 하자. 그러면 아래 "표준 좌표틀 보조정리 (Normal coordinate lemma)" 가 성립한다.

도움정리 6.6.1 (표준좌표틀 보조정리) **임의의 점** $x_0 \in X$ **와 그 근방에 정의된 국소좌표계** $(z_j)_{1 \le j \le n}$ **가 주어졌다면, 천싱션 (*Chern*) 접속의 곡률 텐서** $\Theta(E)_{x_0}$ **의 계수** $(c_{jk\lambda\mu})$ **에 의한 표현**

$$\langle e_\lambda(z), e_\mu(z) \rangle = \delta_{\lambda\mu} - \sum_{1 \le j,k \le n} c_{jk\lambda\mu} z_j \bar{z}_k + O(|z|^3)$$

이 성립하게 하는 x_0 **주변에** E **의 복소 해석 좌표틀** $(e_\lambda)_{1 \le \lambda \le r}$ **가 존재한다.**

6.6.2 교환 연산자 관계식

도움정리 6.6.2 **캘러 다양체** (X, ω) **위의 작용소** $Lu := \omega \wedge u$ **와 딸림 작용소** $\Lambda := L^*$ **에 대하여 아래 관계식이 성립한다.**

$$[D''^*, L] = iD', \; [D'^*, L] = iD''$$

$$[\Lambda, D''] = -iD', \; [\Lambda, D'] = iD''^*$$

증명은 모두 연습 문제로 돌린다.

6.6.3 보크너·코다이라·나카노 등식과 계측

정리 6.6.3 (X, ω) **가 캘러 다양체이고** (E, h) **가 그 위에 정의된 에르미트 벡터 다발이면,** E **위에 값을 가지는 미분 형식에 작용하는 라플라스-벨트라미 작용소** $\Box, \bar{\Box}$ **에 대하여 등식**

$$\bar{\Box} = \Box + [i\Theta(E), \Lambda]$$

가 성립한다.

증명. 관계식 (6.5.3) 에서 확인한 바와 같이

$$D''^{*} = -i[\Lambda, D']$$

가 성립하므로

$$\bar{\Box} = [D'', D''^{*}] = -i[D'', [\Lambda, D']]$$

를 얻는다. 마지막 항에 야코비 등식을 적용하면

$$\begin{aligned}[D'', [\Lambda, D']] &= [\Lambda, [D', D'']] + [D', [D'', \Lambda]] \\ &= [\Lambda, \Theta(E)] + i[D', D'^{*}] \\ &= [\Lambda, \Theta(E)] + i\Box\end{aligned}$$

를 얻고, 이로부터 정리의 증명을 얻는다. □

이로부터 코다이라 부등식 (1953), 보크너의 공식 (1948), 나카노 부등식 (1955) 등이 도출된다. 그 내용을 살펴보기로 하자.

캘러 다양체 X가 옹근(compact) 다양체라 하자. 그러면 $u \in \Gamma(X, \Lambda^{p,q}(X) \otimes E)$에 대하여, 부분적분을 적용하여

$$\langle \Box u, u \rangle = \|D'u\|^2 + \|D'^* u\|^2$$
$$\langle \bar{\Box} u, u \rangle = \|D''u\|^2 + \|D''^* u\|^2$$

를 얻는다. 이로부터 기본 계측

$$\begin{aligned}
&\|D''u\|^2 + \|D''^* u\|^2 \\
&\qquad = \|D'u\|^2 + \|D'^* u\|^2 + \int_X \langle [i\Theta(E), \Lambda]u, u \rangle dV_\omega \\
&\qquad \geq \int_X \langle [i\Theta(E), \Lambda]u, u \rangle dV_\omega
\end{aligned}$$

이 따라오는데, 이 부등식이 $\bar{\partial}$의 풀이, 즉 돌보 코호몰로지 소멸정리에 결정적인 역할을 하게 되므로, 이것을 코다이라· 나카노 부등식이라고 부르기도 한다. 이런 유형의 계측은 보크너 [2] 교수의 "보크너 공식/기법"이 이런 착상의 원조이며 위의 코다이라-나카노 계측 역시 그의 방법론을 따른 것이다.

함수해석학의 방법론을 따라 방정식 $\bar{\partial} u = v$의 분포이론적인 풀이 (distribution solution)를 구하고 소볼레프 이론을 따라 이 풀이의 매끄러운 정도를 수립하기 위해서, 가장 먼저 해결해야 할 점은 마지막 항에 대하여 적절한 양의 상수 C가

[2] Salomon Bochner (미국, 1899-1982), 미분기하학에 공헌하였다. 보크너 공식은 대단한 파급 효과를 가지는데, 이에 관하여 배우기를 원하는 독자에게는 Shoshichi Kobayashi와 Hung-Hsi Wu 두 교수의 공저 [11]를 추천한다.

존재하여

$$\|u\|^2 \leq C \int_X \langle [i\Theta(E), \Lambda]u, u\rangle dV_\omega$$

성립하는 것을 밝히는 것이다. 이를 위해서는 $\langle [i\Theta(E), \Lambda]u, u\rangle$ 를 계측해야 한다. 이 부분 계산이 매우 중요하다. 조금 난삽하지만 배워 보기로 하자.

6.6.4 곡률 항 $\langle [i\Theta(E), \Lambda]u, u\rangle$ 의 해석

캘러 다양체 X 와 그 위의 점 x_0 를 고정하고 이 점을 중심으로 하는 캘러 표준 좌표계 $(z_1, \ldots, z_n)$ 을 선택하여

$$\frac{\partial}{\partial z_1}, \ldots, \frac{\partial}{\partial z_n}$$

들이 벡터 다발 $(T^{1,0}X, \omega)$ 의 x_0 점에서 표준 직교 좌표틀이 되게 하자. 그러면

$$\omega_{x_0} = i\sum_{j=1}^n dz_j \wedge d\bar{z}_j,$$

$$i\Theta(E)_{x_0} = i\sum_{j,k,\lambda,\mu} c_{jk\lambda\mu} dz_j \wedge d\bar{z}_k \otimes e_\lambda^* \otimes e_\mu$$

을 얻는다. 물론 $e_1, \ldots, e_r$ 들은 E_{x_0} 의 표준 직교 좌표틀을 표시한다. 이제

$$u = \sum_{|J|=p, |K|=q, \lambda} u_{JK\lambda} dz_J \wedge d\bar{z}_K \otimes e_\lambda \in \left(\Lambda^{p,q}(X) \otimes E\right)_{x_0}$$

로 두자. 그러면

$$\begin{aligned}\Lambda &= L^* \\ &= \Big(-i\sum d\bar{z}_K \wedge (dz_k \wedge \bullet)\Big)^* \\ &= i\sum \frac{\partial}{\partial z_k}\rfloor\Big(\frac{\partial}{\partial \bar{z}_k}\rfloor \bullet\Big)\end{aligned}$$

가 성립하기 때문에, 계산을 계속하여 아래의 식들을 얻는다.

$$\Lambda u = i(-1)^p \sum_{J,K,\lambda,s} u_{JK\lambda}\Big(\frac{\partial}{\partial z_s}\rfloor dz_J\Big) \wedge \Big(\frac{\partial}{\partial \bar{z}_s}\rfloor d\bar{z}_L\Big) \otimes e_\lambda$$

$$\begin{aligned}i\Theta(E)\wedge u = i(-1)^p &\sum_{j,k,\lambda,\mu,J,K} c_{jk\lambda\mu}u_{JK} \\ &\cdot dz_j \wedge dz_J \wedge d\bar{z}_l \wedge d\bar{z}_K \otimes e_\mu\end{aligned}$$

$$\begin{aligned}[i\Theta(E),\Lambda]u &= i\Theta(E)\wedge\Lambda u - \Lambda(i\Theta(E)\wedge u) \\ &= \sum_{j,k,\lambda,\mu,J,K} c_{jk\lambda\mu}u_{JK\lambda}dz_j \wedge \Big(\frac{\partial}{\partial z_k}\rfloor dz_J\Big) \wedge d\bar{z}_K \otimes e_\mu \\ &+ \sum_{j,k,\lambda,\mu,J,K} c_{jk\lambda\mu}u_{JK\lambda}dz_j \wedge d\bar{z}_k \wedge \Big(\frac{\partial}{\partial \bar{z}_j}\rfloor d\bar{z}_K\Big) \otimes e_\mu \\ &- \sum_{j,k,\lambda,\mu,J,K} c_{jj\lambda\mu}u_{JK\lambda}dz_J \wedge d\bar{z}_L \otimes e_\mu.\end{aligned}$$

이런 계산을 계속해 보면 $\langle(\cdots)u,u\rangle$ 형태의 항들을 얻어낼 수 있어서 희망이 보이기는 하지만 $(\cdots)$ 부분의 항들을 제어하는 것이 무척 어렵고, 아주 특별한 경우가 아니라면 이들로부터 우리가 희망하는 $C\langle u,u\rangle$ 로 정리되는 결과를 얻기 어렵다.

$p=n$ 인 경우라면 계산이 조금은 단순해져서 (나카노 교

수의 이론 전개에 따라)

$$\langle [i\Theta(E), \Lambda]u, u\rangle = \sum c_{jk\lambda\mu} u_{JjS\lambda} \overline{u_{JkS\mu}}$$

를 얻을 수 있어서 $[i\Theta(E), \Lambda]$ 의 (n, q) 형식에 대한 양부호성을 말할 수 있게 된다. 이것이 벡터 다발 E 의 **나카노 양부호성** (Nakano positivity) 개념을 정의하게 되는 이유였다고 보인다. 물론 이런 조건에 관한 해석도 더 연구 개발되었다. (이 강의에서는 더 이상 자세한 부연 설명은 하지 않겠다.)

6.6.5 선다발의 경우

위의 계산의 복잡함은 벡터 다발 E 의 올차원 r 이 1 인 선다발의 경우 대폭 감소한다. 캘러 다양체 X 위의 점 x 에 대하여 좌표계/좌표틀을 선택하되 에르미트 형식 $\omega(x)$ 와 곡률 $i\Theta(E)(x)$ 을 동시에 대각행렬이 되게 할 수 있다. 더 나아가

$$\omega(x) = i\sum_{j=1}^{n} dz_j \wedge d\bar{z}_j$$

$$i\Theta(E)(x) = i\sum_{j=1}^{n} \gamma_j dz_j \wedge d\bar{z}_j$$

가 성립하게 할 수 있고, $\gamma_1 \leq \cdots \leq \gamma_n$ 까지 성립하게 배려할 수 있게 된다. 이들 $\gamma_1 \leq \cdots \leq \gamma_n$ 들은 곡률 행렬의 고유값 (Eigenvalue) 들이고 x 에 대하여 연속이다. 이전 마디의 기호로는 $\gamma_j = c_{jj11}$ 에 해당한다. (행렬의 다른 원소들은 모두 0 이다.) 계속 이전 마디의 기호로 쓰자면, 임의의 (p, q) 형식 u

에 대하여 $u = \sum u_{JK} dz_J \wedge d\bar{z}_K \otimes e$ 로 쓸 수 있고 $(e = e_1)$

$$\begin{aligned}
&\langle [i\Theta(E), \Lambda]u, u\rangle \\
&\qquad = \sum_{|J|=p, |K|=q} \Big(\sum_{j\in J} \gamma_j + \sum_{k\in K} \gamma_k - \sum_{\ell=1}^{n} \gamma_\ell \Big) |u_{JK}|^2 \\
&\qquad \geq (\gamma_1 + \ldots + \gamma_q - \gamma_{p+1} - \ldots - \gamma_n)|u|^2.
\end{aligned}$$

를 얻는다. 비교적 다루기 쉬운, 소위 '바람직한' 상황이다.

6.6.6 기초 부등식 증명과 근사 이론에 관하여

기초 부등식은 계산으로 증명해야 하므로 매끄러운 (p, q) 형식 (벡터 다발 E에 값을 가지는)과 L^2 공간 위로 확장하기 전에 정의된 "원래" 미분 작용소 $\bar{\partial}, \bar{\partial}^*$ 에 대해 증명하였다. 그러나, 사실은, 함수해석학적 증명을 위해서 이 부등식이 추상적인 작용소들인 S, T 와 그들의 딸림작용소에 대해 성립해야 이론 전개가 가능하다는 점을 간과할 수 없다. 그러므로 이 차이를 극복하기 위해 구체적인 미분작용소와 추상적인 작용소들 사이의 근사식이 구체적인 작용소들과 매끄러운 미분 형식에 대해 성립하는 기초부등식이 추상적인 작용소에 대해서도 성립해야 한다는 사실을 증명해야 한다.

캘러 다양체 X 가 옹근(compact) 경우에는 합성곱(convolution)을 이용하여 $L_2^{p,q}$ 형식을 매끄럽게 하는 방법을 쓰면 문제가 해결된다. 그러나 다양체가 옹글지 않은 경우에는 문제 해결이 쉽지 않다. 그런 경우에 근사식을 이용하여 계측을 수렴시키려 하면 $\bar{\partial}$ 와 $\bar{\partial}^*$ 의 둘 중 하나가 말썽을 부린다. 이를 해결한 것은 1965년 Acta Mathematica에 발표된 회르만더[3] 교수의 논문이었다. 다양체가 $\mathbb{C}^m$ 안에 포함된 영역인 경우에는 준 볼록 영역 (Pseudoconvex domain), 보다 일반적인 옹글지 않은 다양체의 경우에는 이 다양체가 슈타인 다양체 (Stein manifold) 라는 조건을 만족시키면 충분함을 밝혔다.

[3] Lars Hörmander (스웨덴, 1931-2012), 편미분방정식과 다변수복소함수론에 공헌.

제 7 장

$\bar{\partial}$ 코호몰로지 소멸정리; L^2 이론 (4)

드디어 코호몰로지 소멸 정리 및 이론의 첫 번째 결론을 얻을 수 있는 위치에 도달하였다. 이 강좌의 함수해석학적인 이론 부분을 소개한다.

7.1 힐베르트 공간의 불연속 작용소

힐베르트 공간 $\mathcal{H}_1, \mathcal{H}_2, \mathcal{H}_3$ 에 조밀하게 정의된 두 작용소

$$S\colon \mathcal{H}_1 \to \mathcal{H}_2, \quad T\colon \mathcal{H}_2 \to \mathcal{H}_3$$

가 주어졌다고 하자. 그러면 이전에(4장 참조) 정의했듯이 S 의 정의구역과 치역을 각각

$$\begin{aligned} \operatorname{Dom} S &= \{u \in \mathcal{H}_1 \colon \exists v \in \mathcal{H}_2, Su = v\} \\ \operatorname{Ran} S &= \{v \in \mathcal{H}_2 \colon \exists u \in \mathcal{H}_1, Su = v\} \\ \ker S &= \{u \in \operatorname{Dom} S \colon Su = 0\} \end{aligned}$$

등으로 정의하고, S 의 그래프를

$$\operatorname{Graph} S = \{(x, Tx) \colon x \in \operatorname{Dom} S\}$$

로 정의하자. 우리는 지금 S 가 딸림 작용소 (adjoint operator) S^* 를 가지기를 원하는데, 이를 위해서는 토의가 좀 필요하다. 일반적인 작용소에 관한 이론에서 우리가 필요한 정도의 이론만 따올 예정이므로 지금은 힐베르트 공간

$$\mathcal{H}_1 = L_2^{p,q-1}(X, E),\ \mathcal{H}_2 = L_2^{p,q}(X, E)$$
$$\mathcal{H}_3 = L_2^{p,q+1}(X, E)$$

들과 작용소 S, T 가 이루는 **작용소 복체 (operator complex)**

$$\mathcal{H}_1 \xrightarrow{S} \mathcal{H}_2 \xrightarrow{T} \mathcal{H}_3$$

를 대상으로 이론을 전개하려 한다.

7.1.1 $\bar{\partial}$ 로부터 닫힌 작용소 만들기

먼저 $\mathcal{H}_1 \times \mathcal{H}_2$ 의 내적을

$$\langle (u_1, u_2), (v_1, v_2) \rangle_{\mathcal{H}_1 \times \mathcal{H}_2} := \langle u_1, v_1 \rangle_{\mathcal{H}_1} + \langle u_2, v_2 \rangle_{\mathcal{H}_2}$$

로 정의하자. 만약 S의 그래프 Graph S 가 이 내적으로 생성되는 위상에 관하여 닫힌 집합이면, S를 **닫힌 불연속 작용소 (unbounded closed opertor)** 라 부른다.

정리 7.1.1 *0* **이상의 정수** p, q**에 대하여, 불연속 선형 작용소** $\bar{\partial}\colon \Lambda^{p,q-1}(X,E) \to \Lambda^{p,q}(X,E)$ **의 그래프를** $G(\bar{\partial})$ **라 두고, 데카르트 곱 공간** $\mathcal{H}_1 \times \mathcal{H}_2$ **의 내적에 대하여 닫힘(*closure*)** $\overline{G(\bar{\partial})}$ **를 택하면, 이 집합을 그래프로 가지는 조밀하게 정의된 선형 작용소** $S\colon \mathcal{H}_2 \to \mathcal{H}_3$ **가 존재한다.**

증명. 다음 명제를 보이면 충분하다.

(†) 만약 $f_j, g_j \Lambda^{p,q-1}(X,E)$, $f_0 \in \mathcal{H}_1$, 및 $\theta_0, \theta_1 L_2^{p,q}(X,E)$ 들이 각 원소가 속한 공간의 내적에 대하여 조건

$$\lim_{j\to\infty} f_j = f_0 = \lim_{j\to\infty} g_j,$$

$$\lim_{j\to\infty} \bar{\partial} f_j = \theta_0,\ \lim_{j\to\infty} \bar{\partial} g_j = \theta_1$$

를 모두 만족시키면, $\theta_0 = \theta_1$ 가 성립한다.

한편, 선형성 때문에 이 명제는 아래 명제와 논리적으로 동등하다.

(‡) 만약 $f_j \in \Lambda^{p,q-1}(X,E)$ 와 $\theta \in \Lambda^{p,q}(X,E)$ 들이 조건

$$\lim_{j\to\infty} f_j = 0,\ \lim_{j\to\infty} \bar{\partial} f_j = \theta$$

를 각 원소가 속한 공간의 내적에 대하여 만족시키면, $\theta = 0$ 가 성립한다.

그러므로, 명제 (‡) 를 보이기로 하자. 옹근 버팀영역을 가지는[1] $\rho \in \Lambda^{p,q+1}(X,E)$ 를 임의로 택하면,

$$\begin{aligned}\lim_{j\to\infty}\langle\theta,\rho\rangle_2 &= \lim_{j\to\infty}\langle\bar\partial f_j,\rho\rangle_2\\ &= \lim_{j\to\infty}\langle f_j,\bar\partial^*\rho\rangle_1\\ &= \langle 0,\bar\partial^*\rho\rangle_1\\ &= 0\end{aligned}$$

를 쉽게 확인할 수 있다. 이제 집합 $\overline{G(\bar\partial)}$ 를 $\mathcal{H}_1, \mathcal{H}_2$ 각각에 정사영하는 방법을 사용하여 이 집합을 그래프로 가지는 선형함수 $S\colon \mathcal{H}_1 \to \mathcal{H}_2$ 를 얻는다. 다만 정사영이 닫힌 함수가 아니기 때문에 이 선형함수의 정의구역은 $\mathcal{H}_2$ 의 닫힌 집합일 필요는 없지만, C_0^∞ 급 미분형식을 모두 포함하고 있기에 $\mathcal{H}_2$ 의 조밀 부분집합이다. (이 논증에 필요한 사실은 아니지마, S 는 불연속 함수임도 언급해 둔다.) 이로부터 바라는 결론을 얻는다. □

[1] X 가 옹근 캘러 다양체를 다루는 우리의 경우에는 이 조건이 필요하지 않다.

7.1.2 딸림 작용소의 정의구역

정의 7.1.1 닫힌 작용소 $S\colon \mathcal{H}_1 \to \mathcal{H}_2$ 가 주어졌다면,

$$D := \{\psi \in \mathcal{H}_2 \colon \exists C > 0, |\langle S\varphi, \psi\rangle_2| \le C\|\varphi\|_1,$$
$$\forall \varphi \in Dom\,(S)\}$$

로 정의되는 부분공간을 S^* 의 정의구역 $Dom\,(S^*)$ 로 정의하기로 한다.

아직 S^* 가 정의되어 있지 않은데 그의 정의구역을 먼저 정의하는 것이 약간 이상해 보일 수도 있지만, 다시 생각해 보면 정의구역을 먼저 설정하고 함수를 정의하는 편이 논리적으로는 더 바람직하다는 점을 이해할 수 있다. 곰곰이 따져 보기 바란다.

이제 다음 보조정리를 증명하기로 하자.

도움정리 7.1.2 $\psi \in D = Dom\,(S^*)$ 가 임의로 주어졌다면, 조건

$$\langle \varphi, v\rangle_1 = \langle S(\varphi), \psi\rangle_2, \forall \varphi \in Dom\,(S)$$

를 만족하는 $v \in \mathcal{H}_1$ 이 존재한다. 결과적으로 v 를 $S^*\psi$ 로 정의할 수 있게 된다.

증명. 주어진 $\varphi \in D$ 에 대하여 관계식

$$A(\varphi) = \langle S(\varphi), \psi\rangle_2$$

로 선형함수 $A\colon \mathrm{Dom}\,(S) \to \mathbb{C}$ 를 정의하자. 그러면 D의 정의에 의해 A는 연속 선형함수가 된다. 따라서 한-바나흐 정리에 의해 이 선형함수는 힐베르트 공간 $\mathcal{H}_1$ 전체에 정의되는 연속인 선형함수로 확장되고, 이렇게 확장된 작용소의 노름 (Norm)의 상한 (upper bound)도 유지된다. 지나친 기호의 사용을 피하기 위해 확장된 선형함수도 여전히 기호 A 로 쓰기로 하자. 그리고 확장된 A에 리스 표현정리 (Riesz's representation theorem) 를 적용하면 조건

$$A(\varphi) = \langle \varphi, v \rangle_1, \forall \varphi \in \mathcal{H}_1$$

를 만족시키는 $v \in \mathcal{H}_1$ 가 확장된 선형함수 A에 대하여 유일하게 결정된다.

논증 부분은 이것으로 완성되었지만 아래 등식을 점검할 수 있다. 임의의 $\varphi \in \mathrm{Dom}\,(S^*)$ 에 대하여,

$$\langle \varphi, v \rangle_1 = A(\varphi) = \langle S\varphi, \psi \rangle$$

가 성립하므로 $S^*\psi = v$ 로 정의하는 것이 합리적임이 쉽게 확인된다. □

이 정리의 역증명은 쉽지만 체크하는 것이 좋겠다.

문제 7.1.1 조밀하게 정의고 닫힌 선형 작용소 $S\colon \mathcal{H}_1 \to \mathcal{H}_2$ 가 주어졌다면, 집합 $D_{S^*} := \{\psi \in \mathcal{H}_2 \colon \exists \varphi \in \mathcal{H}_1, S^*\psi = \varphi\}$ 가 바로 위의 정의를 따라 구성된 $Dom\,(S^*)$ 와 일치한다. 이를 증명하여라.

계속해서 폰 노이만 정리로 알려져 있는 다음 정리를 소개한다.

정리 7.1.3 (폰 노이만) **힐베르트 공간 사이에 정의된 함수 $S\colon \mathcal{H}_1 \to \mathcal{H}_2$ 가 조밀하게 정의된 닫힌 선형 작용소이면 데카르트 곱 내적을 기반으로 구성되는 정의**

$$\boldsymbol{Graph}(S^*) := \Big(\{(-b,a) \in \mathcal{H}_2 \times \mathcal{H}_1 \colon (a,b) \in \boldsymbol{Graph}(S)\}\Big)^{\perp}$$

에 의해 딸림작용소 $S^*\colon \mathcal{H}_2 \to \mathcal{H}_1$ 가 정의된다.

증명. $w \in \mathrm{Dom}\,(S^*)$ 를 선택하면, 위에서 다루었던 한-바나흐 정리와 리스 표현정리를 통한 논법에 의해, 등식 조건

$$\langle w, Su\rangle_2 = \langle v, u\rangle_1, \forall u \in \mathrm{Dom}\,(S)$$

를 만족시키는 $v \in \mathcal{H}_1$ 가 정확히 하나 존재하게 되는데, 이는 또 대응관계 $u \to \langle Tu, w\rangle_2$ 가 유계 선형함수족을 정의한다는 말과 동등하다. 이로부터 원소 $(A,B) \in \mathcal{H}_2 \times \mathcal{H}_1$ 가 조건

$$\langle (A,B), (-Su,u)\rangle_{\mathcal{H}_2 \times \mathcal{H}_1} = 0, \forall u \in \mathrm{Dom}\, T$$

를 만족한다면, $\langle A, Su\rangle_2 = \langle B, u\rangle_1$ 가 성립한다. 대응관계 $u \to \langle u, B\rangle_1$ 가 $\mathrm{Dom}\, S$ 를 정의구역으로 하는 유계 선형함수이므로 한-바나흐 정리에 의해 힐베르트 공간 $\mathcal{H}_1$ 으로 확장되며 따라서 $A \in \mathrm{Dom}\,(S^*)$ 와 $S^*(A) = B$ 를 얻고, $(A,B) \in$ $\mathbf{Graph}(S^*)$ 도 얻는다. 반대 쪽 포함 관계는 지금까지 사용한 논증의 순서를 거꾸로 하면 바로 얻어지므로, 정리의 증명이

완결된다. □

따름정리 7.1.4 S 가 힐베르트 공간 사이에 조밀하게 정의된 닫힌 선형 작용소이면, 그의 딸림 함수 S^* 역시 조밀하게 정의된 닫힌 선형 작용소이며, $S^{**} = S$ 가 성립한다.

7.2 근본 계측과 존재 정리

이제 코호몰로지 이론을 머릿속에 두고 조밀하게 정의된 힐베르트 공간의 작용소들로 구성된 함수열

$$\mathcal{H}_1 \xrightarrow{S} \mathcal{H}_2 \xrightarrow{T} \mathcal{H}_3$$

이 조건 $T \circ S = 0$를 만족시키는 경우를 생각하자. 물론 이를 위해서 필요한 조건 $\mathrm{Ran}\, S \subset \ker T \subset \mathrm{Dom}\, T$ 가 성립하는 것을 가정하기로 하자. 그러면 아래 정리가 성립한다.

정리 7.2.1 위의 조건 아래에서 부등식 조건

$$C\|x\|_2 \leq \|S^*x\|_1 + \|Tx\|_3 \tag{7.1}$$

가 임의의 원소 $x \in \textbf{\textit{Dom}}\, T \cap \textbf{\textit{Dom}}\, S^*$ **에 대하여 성립하게 하는 적당한 상수** $C > 0$ **가 존재하면, 임의의** $v \in \ker T$ **에 대하여 방정식** $Su = v$ **를 만족시키는** $u \in \textbf{\textit{Dom}}\, S$ **가 존재한다.**

증명. 먼저 $v \in \ker T \cap \mathrm{Dom}\, S^*$ 가 주어졌다고 하자.

공간 $Y = \{S^*w \colon w \in \ker T \cap \mathrm{Dom}\, S^*\}$ 를 생각하면, 이는 $\mathcal{H}_1$의 벡터 부분공간이다. 이제 함수 $A \colon Y \to \mathbb{C}$를 정의하되, 임의의 $\psi \in Y$ 에 대하여, $S^*w = \psi$ 가 성립하게 하는 w 를 하나 택하여

$$A(\psi) = \langle w, v \rangle_2$$

로 정의하고 싶다! 그러면, 이 함수가 잘 정의되어 있는지 점검해야 한다. 만약 $w, w' \in \ker T \cap \mathrm{Dom}\, S^*$ 가 주어졌고, $S^*w =$

S^*w' 가 성립한다면 $\langle w, v\rangle_2 = \langle w', v\rangle_2$ 도 성립하는지 확인해야 하는 것이다. 한편 점검해야 할 이 명제는 선형성 때문에

$$S^*w = 0 \Rightarrow \langle w, v\rangle_2 = 0$$

라는 명제와 동등하다. 그런데 위의 정리의 가정 중 하나인 부등식과 $w \in Y \subset \ker T$ 라는 조건 덕분에

$$\begin{aligned} |\langle w, v\rangle_2| &\le \|w\|_2\|v\|_2 \\ &\le \frac{1}{C}(\|S^*w\|_1 + \|Tw\|)\|v\|_2 \\ &= \frac{1}{C}\|S^*w\|_1\|v\|_2 \\ &= 0 \end{aligned}$$

를 얻으므로 위의 마지막 조건이 성립함이 확인된다!

이제 임의의 $\psi \in Y$ 에 대하여 $w \in \ker T \cap \operatorname{Dom} S^*$ 를 택하여 $S^*w = \psi$ 되게 하고 위의 부등식을 다시 쓰면

$$\begin{aligned} |A(\psi)| &= |\langle w, v\rangle_2| \\ &\le \frac{\|v\|_2}{C}(\|S^*w\|_1 + \|Tw\|_3 \\ &= \frac{\|v\|_2}{C}\|\psi\|_1 \end{aligned}$$

를 얻게 되고, 이로부터 $A\colon Y \to \mathbb{C}$ 가 유계 (즉, 연속) 선형함수임을 확인하게 된다. 따라서 함수해석학의 **한-바나흐 정리 (Hahn-Banach Theorem)** 에 의해 A 가 힐베르트 공간 $\mathcal{H}_1$ 전체에 정의되며, 작용소 노름이 유지되는 연속 선형함수족으로 확장됨을 알 수 있다. 따라서 함수해석학의 또 다른 결

과인 **리스 표현정리 (Riesz Representation Theorem)**에 의하여 조건

$$A(\psi) = \langle \psi, u \rangle_1, \ \forall \psi \in \mathcal{H}_1$$

가 성립하게 하는 $u \in \mathcal{H}_1$ 가 존재하게 된다. 이로부터

이렇게 발견한 u는 조건

$$\langle w, Su \rangle_2 = A(S^* w) = \langle w, v \rangle_2, \ \forall w \in \ker T \cap \mathrm{Dom}\, S^*$$

를 만족시킨다.

다른 한 편, $w \in (\ker T)^{\perp}$ 가 성립할 수 있는데, 그 경우에는, $\mathrm{Ran}\, S \subset \ker T$ 라는 조건 때문에

$$\langle w, Su \rangle_2 = 0 = \langle w, v \rangle$$

가 당연히 성립한다. 따라서 $Su - v$가 $\mathrm{Dom}\, S^*$ 에 수직이 되는데, $\Lambda^{p,q}(X, E) \subset \mathrm{Dom}\, S^*$ 때문에 $\mathrm{Dom}\, S^*$ 가
$\mathcal{H}_2 = L_2^{p,q}(X, E)$의 조밀 부분공간이어서 결론적으로

$$Su = v$$

를 얻게 되어 증명이 완결된다. □

보충 7.2.1 이제까지의 논증으로부터, $Su = v$를 만족시키는 u의 존재성을 증명하는 열쇠가 부등식(7.1) 임이 확실해졌다. (이런 유형의 증명 방법은 *L. Schwartz* 분포 이론 (*Theory of distributions*)의 일부이며, 대부분의 선형 편미분방정식에 적용된다.) 그러므로 여기 $\bar{\partial}$ 방정식의 L^2 이론에서는 이 부등식을 **근본 계측 부등식 (*Basic/Fundamental es-***

timate) 이라고 부르는 이유가 확실해졌다. 물론, 이 부등식을 얻어내는 것이 가장 중요한 부분이라 할 수 있는데, 제 6장의 보크너-코다이라-나카노 부등식과 곡률에 관한 계측이 바로 이 근본 계측 부등식을 얻어내는 과정이었다.

보충 7.2.2 딸림함수 S^* 의 정의는 내적의 선택에 의존한다. 따라서 내적의 선택이 달라지면 딸림함수도 달라지게 되고 이론 전개와 결론도 달라질 수 있다.

보충 7.2.3 이런 과정을 거쳐서 논리적으로 존재하는 풀이 u 는 $L_2^{p,q-1}(X,E)$ 의 원소이다. 하지만 이 풀이가 방정식 $\bar{\partial}u = v$ 를 만족시키기 위해서는 u 가 실제로 $\Lambda^{p,q-1}(X,E)$ 의 원소임을 보여야 한다. 그러므로 우리가 원하는 증명에는 아직 도달하지 못하였다.

7.3 정칙성에 관하여

로랑 슈바르츠의 분포 이론 (Theory of distributions) 을 이용한 (선형) 편미분 방정식의 풀이로 주어지는 함수 또는 L^2 미분 형식의 연속성, 더 나아가서 미분가능성을 증명하는 과정은 "정칙성 이론 (Regularity theory)" 이라고 부르며, 편미분 방정식 이론을 지탱하는 기둥 역할을 담당한다. 이제 정칙성 이론을 이루는 주요 방법론을 하나 소개하려 한다.

우리가 사용할 작용소는 $\bar{\square} := \bar{\partial}\bar{\partial}^* + \bar{\partial}^*\bar{\partial}$ 이다. 이 작용소는 임의의 차수 (p,q) 에 대하여 $\Lambda^{p,q}(X,E)$ 에 정의되는 선형 미분 작용소이다. 따라서 확장이 가능하며 $L_2^{p,q}(X,E)$ 위에 조밀하게 정의되는 작용소를 이룬다. 이 작용소를 여전히 $\bar{\square}$ 로 표시하겠지만 정칙성이 증명되기 전까지는 "진정한" 미분 작용소라는 표현을 자제하도록 하겠다. 지금 고려할 복체는

$$\mathcal{H}_1 \xrightarrow{R} \mathcal{H}_2 \xrightarrow{S} \mathcal{H}_3 \xrightarrow{T} \mathcal{H}_4$$

이고, 아직까지는 $\bar{\square} := RR^* + S^*S$ 이어야 하기 때문이다.

$v \in \mathcal{H}_3$ 가 $Tv = 0$ 를 만족시키며, 방정식 $Su = v$ 가 풀이 $u \in \mathcal{H}_2$ 를 가진다고 하자. 이 풀이가 유일하지 않다(!)는 점을 확인하고 그것을 이용한다. 이제, 방정식 $Tv = 0$ 와 $Su = v$ 외에 $R^*u = 0$ 이라는 조건 하나를 더 추가하도록 하겠다. (이런 조건을 추가하는 것이 가능한지에 관하여는 이 마디를 맺기 전까지 잊지 않고 토의할 것이다.)

방정식 $\bar{\partial}u = v$ 를 시작할 때에, 매끄러운 미분형식 $v \in \Lambda^{p,q}(X,E)$ 로부터 출발했던 것을 기억할 것이다. 한편, 매끄

러운 미분 형식에 관하여는 실제로 L^2 내적에 의해 주어지는 형식적인 딸림함수 $\bar{\partial}^*: \Lambda^{p,q}(X,E) \to \Lambda^{p,q-1}(X,E)$ 를 국소 자명화를 통한 직접 계산을 통해 얻고 그 존재와 표현을 확인하였다. (모든 차수의 경우에 확인 가능하다.) 따라서 $\bar{\partial}^* v$ 도 매끄러운 미분 형식이다.

이제

$$\bar{\Box} u = RR^* u + S^* S u = S^* v$$

가 성립하는데 ($R^* u = 0$ 를 가정하였기 때문이다!), v 가 매끄러운 미분형식이므로 이 방정식은

$$\bar{\Box} u = S^* v = \bar{\partial}^* v$$

가 되며 $\bar{\partial}^* v$ 도 매끄러운 미분형식이다. 그러므로 바로 다음 마디에 소개하는 소볼레프 이론의 결과인 $\bar{\Box}$의 정칙성에 관한 연구, 보다 정확히 말하자면, $\bar{\Box}$의 힐베르트 확장 작용소의 정칙성에 관한 연구에 의해 u 가 매끄러운 미분 형식이 된다는 결론을 얻게 된다.

이 마디를 맺기 전에 위에 추가했던 조건 $R^* u = 0$ 에 대하여 조금 더 토의해 보기로 하자. 이 조건은 사실 딸림함수 R^* 등을 정의할 때 중요한 역할을 했던 L^2 내적으로 조사해 보면

$$u \in (\operatorname{Ran} R)^{\perp}$$

조건과 같다.[2] 확인하기 쉬우므로 연습 문제로 돌린다. 힐베

[2] 이 조건은 J. J. Kohn의 업적을 기려, “Kohn 조건” 이라고 부른다.

르트 공간의 정의에 의해 매우 자연스러운 조건이므로 물론 이 조건을 만족 시키면서 다른 두 조건들, 즉 $Sv = 0, Tu = v$ 조건을 여전히 만족 시킬 수 있음도 분명하다. 이를 확인하는 것 역시 연습문제로 돌린다. [귀띔: $\mathrm{Ran}\, R \subset \ker S$ 가 성립하므로 $u \in (\ker S)^{\perp}$ 에 속하도록 선택하면 된다.]

이로써 우리가 원하던 $\bar{\partial} u = v$ 의 풀이에 대한 토의, 즉 코호몰로지 소멸 정리에 관한 이해가 조금은 더 깊어졌다.

7.4 소볼레프 이론; 정칙성에 관하여

이 책에서 다루는 미분방정식은 (선형) 미분작용소 P에 의해 주어지는 방정식 $P(u) = v$ 형태로 주어진다. 즉 v가 주어졌을 때 (함수, 또는 보다 일반적으로 미분 형식으로 주어진다.) u와 그의 미분 (또는 도함수) 들의 조합으로 v를 구성할 수 있어야 한다. 그러므로 일반적으로는 v 보다는 u가 더 매끄러운 함수 또는 미분 형식이 되기를 기대하는 것이 상식적일 듯하다. 하지만 수학은 그리 상식적이지 않은 경우를 종종 보게 된다. 매우 단순해 보이는 한스 레비 방정식[3]은 코시-리만 방정식과 비슷해 보이며 지극히 단순한 듯 보이지만 v가 매끄러운 함수임에도 방정식을 만족하는 매끄러운 함수 u 가 존재하지 않음을 보여 준다. 따라서 함수 공간을 확대하여 더 큰 공간에서 주어진 방정식의 풀이를 구하려는 연구가 진행되었고, 이제는 수학에서 빠질 수 없는 위대한 이론인 "분포 이론 (Theory of distributions)" 이 확립되었다.[4] 이를 사용하여 많은 미분방정식의 풀이를 구할 수 있으니 문제가 모두 해결된 것일까? 인생이 술술 풀리지 아니하듯, 수학도 그리 단순하지 않다. 이렇게 얻은 풀이가 함수가 아니거나 미분가능하지 않다면 그 풀이의 중요성이 의심받게 되기 때문이다.

그러므로 분포 이론에 의해 주어지는 미분방정식의 풀이가 사실상 필요한 만큼의 미분가능성을 지녔다는 점을 증명해

---

[3]Hans Lewy equation. 인터넷에서도 내용 검색이 가능하다.

[4]L. Schwartz 의 업적이 가장 크다. Fields medal이 수여되었다.

줄 수 있는 이론을 소개해야 하는 이유는 당연한데, 세르게이 소볼레프[5] 교수에 의해 발견되고, 여러 학자들에 의해 개선되고 발전된 이론이 가장 일반적이고 유용하다. 이제 이 이론을 개략적으로 설명하도록 하겠다.

7.4.1 소볼레프 부등식과 매립정리 소개

우리의 출발점은 제곱 적분가능한 미분 형식과 그들이 이루는 공간이 되겠지만, 우리는 L^2 실수 함수의 경우만 설명하도록 하겠다. 특히 푸리에 급수를 사용할 생각이므로 다양체도 국소화하여 복소 도넛 다양체 $T := \big(\mathbb{C}/(2\pi\mathbb{Z}[i])\big)^n$ 라고 가정하기로 하자. 그러면 $u \in L^2(T)$ 로부터 출발해 보자. u의 푸리에 전개식은

$$u(x) = \sum_{\xi\in\mathbb{Z}^n} u_\xi e^{i\langle\xi,x\rangle} \qquad (\star)$$

로 주어진다. 계수 u_ξ 들은 실수이며 $\mathbb{Z}$ 는 정수들의 집합을 나타낸다.

이제 u의 계측은 푸리에 급수의 계수들에 관한 평가식

$$\|u\|_{H_s}^2 := \sum_{\xi\in\mathbb{Z}^n} (1+\|\xi\|^2)^s |u_\xi|^2.$$

를 통해 계산하기로 한다. 이 기호가 거추장스럽다고 여기는 이들은 혼동할 여지가 적으면

$$\|u\|_{H_s} = \|u\|_s$$

[5]S. Sobolev (1908-1989), 소련/러시아.

로 쓰는 경우가 많다. 우리도 그렇게 하도록 하겠다.

이렇게 정의된 계측을 기준으로 공간

$$H_s = \{u \in L^2(T) \colon \|u\|_s < \infty\}$$

를 정의하자. 이 공간은 모든 매끄러운 ($\mathcal{C}^\infty$ 급) 함수를 포함하는 무한 차원 공간인데 그 이유도 곧 밝혀지게 된다. 물론 푸리에 급수에 관한 기본적인 이해로부터, 계수들이

$$u_\xi = \int_T u(x) e^{-i\langle \xi, x\rangle} dVol_x$$

로 주어지는 것도 잘 알려져 있지만, 설명은 생략한다.

함수해석학 (Functional Analysis) 연구 서적들로부터 푸리에 급수와 변환 (Fourier transform)에 관한 연구 결과를 많이 배울 수 있는데 지금은 "파르스발 등식 (Parseval's identity)" 의 결과인 아래 정리를 소개한다.

따름정리 7.4.1 푸리에 변환 (*Fourier transform*) 은 연속함수들이 이루는 공간 $C^0(T)$ (사실은 $L^2(T)$) 를 소볼레프 공간 H_0 으로 대응시키는 단사함수이다.

이 명제 외에, 대응되는 계측도 보존된다는 결과 등도 따라 오지만, 지금은 상세한 설명을 대부분 보류한 채로 이론 전개를 계속하도록 하겠다.

이 정리의 역명제는 바로 성립하지 않지만, 거의 성립한다는 것이 알려져 있으며, 그 정보가 우리가 원하는 목표를 성취하게 해 주는데, 지금은 그 중심에 있는 부등식으로 이루어진

정리를 먼저 소개하고 이 정리의 의미와 결과를 토의해 보려고 한다. 이를 위해 r 에 대하여 "가우스 기호" $[r]$ (r 보다 크지 않은 자연수 중에서 가장 큰 수를 표시함) 를 사용하도록 하겠다.

> **정리 7.4.2 (소볼레프 매립정리)　만약 조건 $t \geq [n/2] + 1$ 와 조건 $u \in H_t$ 가 성립하면, u 는 연속함수이다.**

개략적인 증명. 푸리에 급수 $(\star)$ 는 무한급수이지만 부분합이 각각 매끄러운 함수를 정의하므로, 이 급수가 함수 u 로 고르게 수렴하는 것을 보이면 충분하다. 한편,

$$\begin{aligned}
&\sum_{\|\xi\|<N} |u_\xi| \\
&\quad = \sum_{\|\xi\|<N} (1+\|\xi\|^2)^{-\frac{t}{2}} (1+\|\xi\|^2)^{\frac{t}{2}} |u_\xi| \\
&\quad \leq \Big(\sum_{\|\xi\|<N} (1+\|\xi\|^2)^{-t} \Big)^{\frac{1}{2}} \Big(\sum_{\|\xi\|<N} (1+\|\xi\|^2)^{t} |u_\xi|^2 \Big)^{\frac{1}{2}} \\
&\quad \leq \Big(\sum_{\|\xi\|<N} (1+\|\xi\|^2)^{-t} \Big)^{\frac{1}{2}} \|u\|_t
\end{aligned}$$

이 성립하는 것도 이미 잘 알려져 있다.

자연수 k 가 하나 임의로 주어졌다고 하자. 그러면 푸리에 계수

$$u_\xi = \frac{1}{(2\pi)^n} \int_T u(x) e^{-i\langle x,\xi\rangle} dx$$

를 다루는데, 각 변수에 대하여 부분적분을 적용하려 한다. 특별히 u 는 미분하고 $e^{-i\langle x,\xi\rangle}$ 를 적분하기를 충분히 여러 번 시

행하자. 이 계산을 시행하는 것은 비교적 간단하다. T의 경계가 공집합이어서 경계 위의 적분 값은 염려할 필요가 없어 부분적분 과정에서 다루기 까다로운 경계 위의 적분이 0이 되기 때문에 계산이 쉬운 것이다. 실제로 계산에 의해

$$|u_\xi|(\Pi\xi)^{2k} \leq c_k, \forall\xi \neq 0$$

가 성립하게 하는 상수 c_k 가 존재하는 것을 확인할 수 있다. 그러므로

$$|u_\xi| \leq c_k(1 + \|\xi\|^2)^{-k}, \ \forall\xi$$

를 얻게 된다.

이제 급수 $\sum_\xi(1+\|\xi\|^2)^{-k}$ 의 수렴에 관해 알아 볼 필요가 있다. 자연수 j 에 대하여 집합

$$S_j = \{\xi = (\xi_1, \ldots, \xi_n) \colon |\xi_i| \leq j\}$$

를 생각하자. 그러면 S_j 의 원소의 수는 $2n(2j+1)^{n-1}$ 을 넘지 못한다. 그리고 ξ 가 S_j 의 원소이면, 부등식 $\|\xi\|^2 \geq j^2$ 를 만족 시키므로,

$$\begin{aligned} s_j &:= \sum_{\xi \in S_j}(1 + \|\xi\|^2)^{-k} \\ &\leq \frac{2n(2j+1)^{n-1}}{(1+j^2)^k} \\ &\leq Cj^{n-1-2k} \end{aligned}$$

가 성립하게 하는, n 에만 의존하는 상수 $C > 0$ 가 존재한다.

그러므로

$$\sum_{\xi}(1+\|\xi\|^2)^{-k} = 1+\sum_{j=1}^{\infty} s_j$$
$$\leq 1+C\sum_{j=1}^{\infty}\frac{1}{j^{1+2k-n}}$$

를 얻게 된다. 따라서 $\sum_{\xi}(1+\|\xi\|^2)^{-k}$ 에 대해서는, 조건

$$k \geq [n/2]+1$$

가 만족되면, 미적분학에서 배우는 적분 판정법 (The integral test) 이 고른 수렴을 보증하게 된다. 이로부터 u 의 푸리에 급수가 u 로 고르게 수렴한다는 결론을 얻고, 따라서 u 의 연속성이 따라온다. □

계속해서 아래 결과를 얻는다.

따름정리 7.4.3 자연수 m 에 대해서 $t \geq m+[n/2]+1$ 를 만족시키면, $u \in H_t$ 모두 각각에 대하여, 조건 $\|A\| \leq m$ 을 만족시키는 다중 지표 A 를 임의로 택하더라도, 해당 미분 $D^A u$ 가 항상 연속함수가 된다. 따라서 $u \in \mathcal{C}^m(T)$ 가 성립한다.

이 부분 논증을 구성한 아름다운 이론 전개는 Warner 교수의 명저 [15] 의 하지 이론 (Hodge theory) 를 다룬 마지막 장에서 발췌하여 작성하였음을 밝혀 둔다.

7.4.2 타원형 미분방정식의 정칙성

실수 n 차원 도넛 다양체 $T := \big(\mathbb{R}/(2\pi\mathbb{Z})\big)^n$ 에 유클리드 거리를 장착하여 구성된 리만 다양체 위에서 라플라스 연산자

$$\Delta = \sum_{j=1}^{n} \frac{\partial^2}{\partial x_j^2}$$

를 생각하자. $v \in C^\infty(T)$ 가 주어졌을 때, $L^2(T)$ 에 속하는 u 가 미분방정식

$$\Delta u = v \tag{†}$$

를 만족 시키는 분포 이론에 의한 풀이를 구성한다고 가정하자. 그러면 u 는 제곱 적분 가능성 수준을 뛰어넘어 실제로 매끄러운 함수라고 할 수 있을까? 이 질문이 라플라스 작용소의 정칙성에 관한 질문이며, 지금 우리가 다루고 싶은 질문이다.

우선 $v \in C^\infty(T)$ 라는 가정에 **따름정리 7.4.3** 을 적용하면 $v \in H_t, \forall t > 0$ 를 얻는다. 그리고 직접 계산에 의해

$$\begin{aligned}\Delta u &= \Delta \sum_{\xi \in \mathbb{Z}^n} u_\xi e^{-i\langle \xi, x\rangle} \\ &= \sum_{\xi \in \mathbb{Z}^n} (-i)^2 \|\xi\|^2 u_\xi e^{-i\langle \xi, x\rangle}\end{aligned}$$

를 얻으며,

$$\lim_{\|\xi\|\to\infty} \frac{\|\xi\|^2}{1+\|\xi\|^2} = 1$$

가 금방 확인되기 때문에, 적당한 상수 $C > 0$ 에 대하여

$$\|u\|_{H_{t+2}} \leq C\|v\|_{H_t}, \forall t$$

를 얻게 된다. 따라서 소볼레프 매립정리에 의해 $u \in C^k, \forall k > 0$, 즉, 다시 말하자면 $u \in C^\infty(T)$ 를 얻는다. 이것은 매우 만족스런 결론이다!

보충 7.4.1 위에 소개한 추론은 편미분 방정식 연구에서는 너무나 잘 알려져 있는 내용이며, 이런 추론이 성립하는 이유가 라플라스 연산자/작용소의 상징(*Symbol*)이 양의 정부호성을 가지기 때문임을 알 수 있다. 상징이 양의 정부호성을 가지는 미분 작용소를 일반적으로 보통 **타원형 작용소 (*Elliptic operator*)** 라고 부르고, 이에 대한 정칙성 이론을 "타원형 정칙성 (*Elliptic regularity*)" 이라고 한다.

이 강의록의 주제에 관하여는 미분 형식에 작용하는 라플라스-벨트라미 작용소에 이 방법론을 접목해야 하기 때문에 적절한 조정이 필요하지만 그 부분은 전혀 어렵지 않다. 상세한 논증 부분을 확인하는 것은 독자에게 연습 문제로 남긴다.

이렇게 긴 논증의 요소를 다 채웠고, 드디어 코다이라 소멸정리의 증명을 다 설명하였다. 중간 중간 상세한 점검을 생략한 부분이 있으나 전체적인 증명의 얼개를 전부 볼 수 있게 하였다. 휴! □

7.5 코다이라 소멸정리, 그리고 그 이후

이제 코다이라 소멸정리를 소개한다.

정리 7.5.1 (코다이라) **복소 차원 $n \geq 1$ 인 옹근 (*compact*) 캘러 다양체 (X, ω) 가, 곡률 텐서 $i\Theta(X, E)$ 가 양의 정부호성을 가지게 하는 복소 에르미트 선다발 E 를 용인하면,**

$$H^{p,q}(X, E) = 0, \ \forall q \geq 1$$

가 성립한다.

증명은 이제까지 배운 내용에서 바로 따라 나온다. 확인하여 보라. 한편, 코다이라 교수의 논문 [12] 에 같은 증명을 잘 조사하여 얻는 정리가 두 개 더 수록되어 있으므로 그것을 소개한다.

정리 7.5.2 (코다이라) **n 차원 옹근 캘러 다양체 X 가, 제 *1* 천싱션(*Chern*) 형식 중 하나가 양의 정부호성을 가지는 복소 에르미트 선다발 E 를 용인하면**

$$H^{n,q}(X, E) = 0, \ 1 \leq \forall q \leq n$$

가 성립한다. 또한 쌍대성으로 인하여 $H^{0,n-q}(X, E^*) = 0, \ 1 \leq \forall q \leq n$ 도 성립한다.

정리 7.5.3 (코다이라) n **차원 옹근 캘러 다양체** X **가 복소 에르미트 선다발** L**을 용인하여 제** *1* **천 형식에 대한 조건** $c_1(L) - c_1(\Lambda^{n,0}(X)) > 0$ **를 만족 시키면,**

$$H^{0,q}(X, L) = 0,\ 1 \leq \forall q \leq n$$

가 성립한다.

7.5.1 양부호성을 가지는 선다발

끝으로, 이런 정리가 주어졌을 때 수행할 만한 연구 중 하나는, 나카노 양부호성을 지닌 곡률 텐서를 용인하는 벡터 다발들의 예를 찾는 것이겠다. 일찍이 알려진 결과를 몇 개만 여기에 적는다.

1. 초평면 선다발 $\mathcal{O}(1)$, 그리고 이들의 k 차 텐서곱 $\mathcal{O}(k)$.

2. 리만 곡률 작용소 (Riemann curvature operator) 가 양의 정부호성을 가지는 (이 경우에는 당연히 임의의 단면 곡률이 음이 된다!) 캘러 다양체 M 의 $K_M := \Lambda^{n,0}(M)$.

3. 논문 [5] 에 수록된 Demailly-Skoda 정리를 참조하기 바란다. 양부호성을 가지는 벡터 다발에 관한 정보가 많다.

4. 라비노위츠 (J. Rabinowitz) 교수의 논문 "Positivity notions for holomorphic line bundles over compact Riemann surfaces," Bull. Austral. Math. Soc. 23 (1981), no. 1, 5–22.

를 추천한다. MathSciNet 에서 검색해 보면 이 논문에 대한 나카노 시게오 교수의 리뷰도 읽을 수 있다.

이 강좌는 이제 목표를 달성하였으므로 여기에서 이론 전개를 멈춘다.

7.6 후기

코다이라 소멸정리에 대해서는 후속 연구가 진행되어 많은 발전이 이루어졌다. 대표적인 것을 들자면, 나카노 (Nakano) 소멸정리를 (이제는 코다이라-나카노 소멸 정리로 알려져 있음) 비롯하여 여러 정리를 들 수 있다. 이 방향 연구는 벡터 다발의 양의 정부호성 또는 연관된 곡률 텐서의 정부호성을 조사하는 (난삽한) 계산을 성공시키는 기법에 의존한다고 보면 되겠다.

한편, 보크너 스타일 부등식을 사용하는 증명 논법을 보면 벡터 다발이 필수 불가결 하지는 않다. 오히려 이들의 단면 (이 단면들은 소위 쉬프(sheaf) 라는 대상을 이룬다.) 들의 집합이 적절한 조건을 만족하여 보크너-코다이라-나카노 타입 부등식으로부터 L^2 근본 계측을 만족 시키면 충분하다. 그러므로 이 방향의 연구 가능성이 열렸고 활발히 수행되어 많은 업적이 더 등장했던 이유를 이해할 수 있을 것이다.

이 외에도 이제까지 소개한 내용을 복습하고 되짚어 보면, 온함수의 범주 밖에 있는 대상에 대하여도 코다이라 스타일의 착상을 적용할 수 있고, 옹글지 않은 캘러 다양체에도 이론을 개발할 수 있다는 점을 느낄 수 있을 것이다. 실제로 슈타인 다양체라는 대상에 대한 코호몰로지 소멸정리가 증명 되었으며 이는 다변수 복소함수론 (Multi-dimensional Complex Analysis = Several Complex Variables)의 유명한 결과인 레비 문제 (Levi problem)의 해결에서 발전한 결과이다. 상당히 많은 기법과 분야가 이 이론에 사용된 만큼 각 부분만 들여다보아도 새로운 연구 과제가 있음을 볼 수 있다.

다양체가 캘러가 아닌 경우는 어떤가? 이렇다 할 공헌을 꼽기 어려울 정도로 아직도 미 개척 분야라 하겠다. 하지만 대부분의 복소다양체에는 "항상" 에르미트 거리 구조가 있으므로 일단 해결해야 할 과제는 많다. 뿐만 아니라, 에르미트 다양체가 복소함수론의 입장에서는 가장 자연스러운(!) 대상이므로 그 쪽 연구가 이루어져야 한다는 데에도 이견이 없다.

연구자들이 가지고 있는 방법론이 자신이 더 나아가는 것을 막고 있는 장벽과 마주치게 되지만, 이를 극복하려는 것은 수학 연구자의 당연한 소명이며 "가슴을 요동치게 해 주는 과제"가 아닐까?

이제 저술을 마무리하며 저자는, 백여 년 전 구한 말, 대한민국 광복 전의 세월을 살다 가신 천재 시인 김해경 (=이상) 님이 남겼다는 절규를 문득 떠올리게 되었다.

> "어느 시대이든, 그 시대의 현대인은 절망한다.
> 절망은 기교를 낳고, 그 기교 때문에 또 절망한다."

수학자들은 늘 새로운 경지를 탐구하기에, 이상 님의 관점에서 수학자는 "현대인" 이겠다. 그러나 수학자는 절망하지 아니한다. 수학자는 스스로 도전을 찾아 나선 이들이고, 첨단에 선 자신의 상황을 오히려 반기고, 즐기고, 배우고, 다른 이들과 함께 배움을 넓히고, 서로 격려하며 결국은 앞으로 나아가기 때문이다.

참고 문헌

[1] Berndtsson, B.: "L^2-methods for the $\bar{\partial}$-equation." Lecture Notes, CTH, 1995 - math.chalmers.se.

[2] Berndtsson, B.: "Strict and non strict positivity of direct image bundles." Math. Z. 269 (2011), no 3-4, pp 1201-1218.

[3] Demailly, J.-P.: "Complex analytic and differential geometry."
https://www-fourier.ujf-grenoble.fr/~demailly/documents.html

[4] Demailly, J.-P.: "L^2 estimates for the $\bar{\partial}$-operator on complex manifolds."
https://www-fourier.ujf-grenoble.fr/~demailly/documents.html

[5] Demailly, J.-P.; Skoda, H.: "Relations entre les notions de positivités de P. A. Griffiths et de S. Nakano

pour les fibrés vectoriels." Lecture Notes in Math., 822. Springer, Berlin, 1980, pp. 304–309. ISBN: 3-540-10241-81979.

[6] Griffiths, P. A.; Harris, J.: "Principles of algebraic geometry." Wiley Classics Lib. John Wiley & Sons, Inc., New York, 1994, xiv+813 pp. ISBN: 0-471-05059-8

[7] Hörmander, L.: "An introduction to complex analysis in several variables." North-Holland Math. Library, Vol. 7 North-Holland Publishing Co., Amsterdam-London; American Elsevier Publishing Co., Inc., New York, 1973, x+213 pp.

[8] Kim, K.-T.: 김강태: "리만기하학." (2015) 교우사.

https:// sites.google.com/ site/ kangtaekim00 (free downloadable PDF file).

[9] Kim, K.-T.: 김강태: "미분다양체론." (2015) 교우사.

https:// sites.google.com/ site/ kangtaekim00 (free downloadable PDF file).

[10] Kim, K.-T.: 김강태: "복소해석기하학." (2018) 교우사.

https:// sites.google.com/ site/ kangtaekim00 (free downloadable PDF file).

[11] Kobayashi, S.; Wu, H.: On holomorphic sections of certain hermitian vector bundles, Math. Ann. 189 (1970), 1-4.

[12] Kodaira, K.: "On cohomology groups of compact analytic varieties with coefficients in some analytic faisceaux." Proc. Nat. Acad. Sci. U.S.A. 39 (1953), 865–868.

[13] Liu, K.; Sun, X.; Yang, X.: "Positivity and vanishing theorems for ample vector bundles." ArXiv:1006.1465v3, (2010), 27p.

[14] Ohsawa, T.: "L^2 approaches in several complex variables." Springer Monogr. Math., Springer, Tokyo, 2018, xi+258 pp. ISBN: 978-4-431-56851-3; 978-4-431-56852-0

[15] Warner, F.: "Foundations of differentiable manifolds and Lie groups." Springer GTM. 1983. [1st ed. 1971]

코다이라 소멸정리와 GAGA

초판발행 2026년 2월 3일
지은이 김강태
펴낸이 오판근
펴낸곳(주)교우
주 소 서울시 동대문구 약령시로 8 교우빌딩 2층 (주)교우
전 화 02-925-2861/ **팩 스** 02-925-2860. **편집부** 02-925-2825
홈페이지&북스토어 www.kyowoo.co.kr / 이메일 kyowoo@kyowoo.co.kr
등 록 1994년 3월 24일 제1994-000013호
ISBN 979-11-251-0478-0 (93410)

(주)교우는 보다 혁신적이고 참신한 도서를 다양하게 기획하고 있습니다.
책으로 펴내고자 하는 아이디어나 원고는 메일로 보내주세요.
(주)교우는 전과정을 책임지고 최선을 다하겠습니다.

값 30,000원

교우미디어는 (주)교우의 Imprint사입니다.
수학정원 · 과학정원은 (주)교우의 새로운 브랜드명입니다.

잘못된 책은 구입하신 서점에서 교환해 드립니다.